摄影爱好者的
常备案头书

数码照片后期处理入门

Digital Photo Post-processing entry

[日] 藤岛健 著
陈宗楠 译

中国民族摄影艺术出版社

前言

在数码科技愈发普及，提到摄影就会让人联想到使用数码相机拍摄作品的今天，你是不是也喜欢一边通过显示器欣赏自己拍摄的作品，一边发出类似“拍得还不错啊”的感叹呢？在使用胶片相机进行摄影的时候，可能会因为拍摄时的某些特殊原因而拍摄不出理想的作品。但是在使用数码相机拍摄的时候，我们可以使用数码修饰的方式对画面进行补救，令其接近我们当初想要拍摄的效果。

数码摄影的另一大优势就体现在RAW模式上。如今，这种拍摄模式越来越被普通摄影者所熟悉。RAW模式可以保证数码相机拍摄出的照片在电脑上进行后期处理，令其进一步与拍摄者想象中的画面接近，同时还不会损失画质。与常见的JPEG格式的数码照片相比，虽然RAW格式的照片在后期处理时步骤稍显复杂，但由于其拥有能够在不损失画质的情况下进一步对画面进行修正，故而我们建议，请在阅读本书之后，参考相关内容，使用RAW模式来拍摄和处理照片。

当然，拍摄时难免会因为相机设定不合适而造成一定程度的失败，而数码相机恰恰能够在避免过分失真的情况下，通过照片修正得到较为理想的照片。当发现自己好不容易拍摄到的照片与想象中有所差别，可以充分地利用后期处理技术，令其在修正后进一步接近自己理想中的画面。

本书使用的是Adobe公司旗下的Photoshop Lightroom软件，它不但能够便利地处理RAW格式的照片，更能够对大量的照片资料进行批量管理和处理。请将本书作为参考，提高管理照片资料、对RAW格式照片进行后期处理的效率。希望您可以在阅读本书后更好地使用Lightroom和Photoshop等软件，创作出更好的照片作品。

目 录

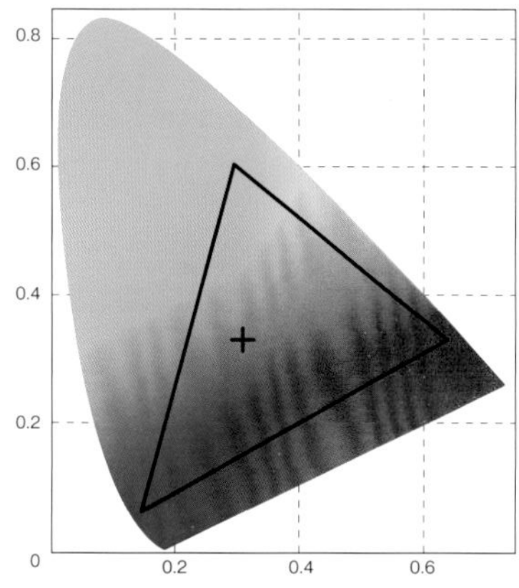
0.8
0.6
0.4
0.2
0
0.2
0.4
0.6

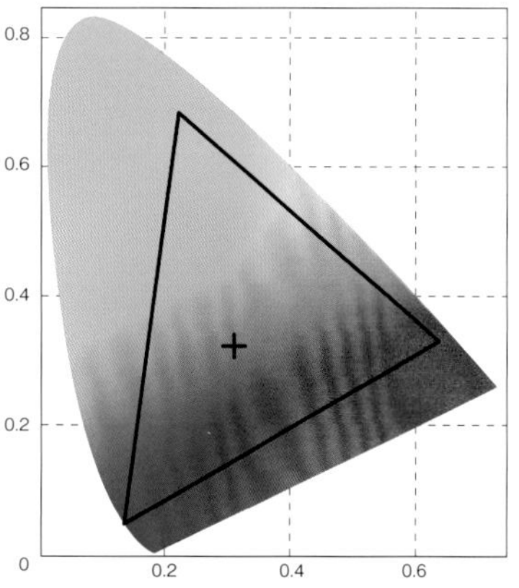
0.8
0.6
0.4
0.2
0
0.2
0.4
0.6

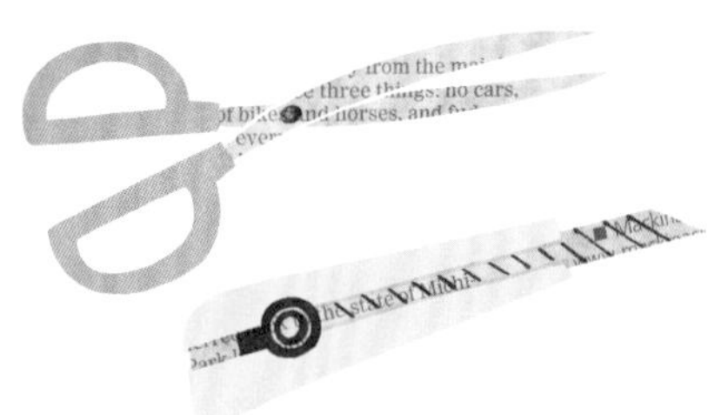

第二章 Photoshop Lightroom的基础操作

第三章 RAW照片处理

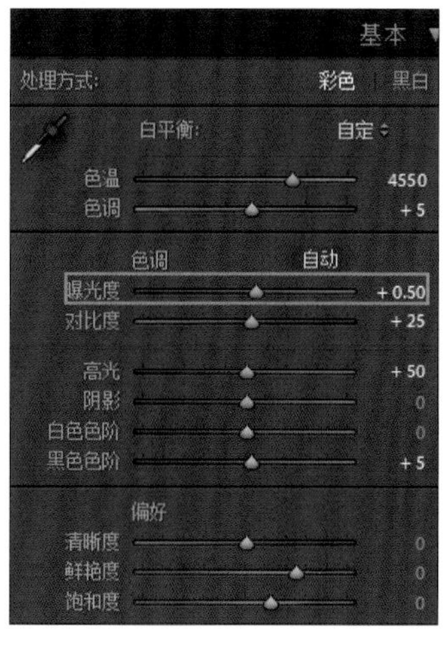
基本
处理方式:
彩色
黑白
白平衡:
自定
色温
4550
色调
+5
色调
自动
曝光度
+0.50
对比度
+25
高光
+50
阴影
0
白色色阶
0
黑色色阶
+5
偏好
清晰度
0
鲜艳度
0
饱和度
0

第四章 照片的修正与修饰

第五章 通过Lightroom对照片进行整理和管理

There is in
ARISTOCRAC
In Europe,
Navy.
In America,
TOCRACY of
Commerce, the
ing or Merchan
and like most
percent of the island.
No histor
Step off the ferry from

第一章

数码照片的基础知识

数码摄影与胶片摄影在本质上没有很大的区别，并不是一项很难掌握的事情。但是，在进行数码摄影之前，也有不少基本知识必须提前学习知晓。在掌握了本章这些要点之后，使你在照片后期处理时能比较顺畅地进行操作。我们在这里为大家介绍的关节点并没有太大难度，都是些操作要领和基本知识。

1-1

基础知识早知道：

感光元件的型号与画面视角的关系

相机镜头中所标注的“**mm”指的是焦距，它决定了一个镜头所拍摄的视角范围的大小。这个视角会根据诸多元素的变化而不同。

▶▶ 画面视角由镜头的焦距和感光元件的型号决定

无论我们使用的是入门级的数码相机还是专业级的数码相机，其感光元件多为APS-C。当我们查阅其说明书的时候，总会在“实际摄像视角”的栏目中看到类似“焦点距离为相机镜头的1.5倍”的描述，这指的是什么？

是与使用胶片相机的3.5mm胶片进行比较时得出的结果

也就是说，上述“焦点距离为相机镜头的1.5倍”其实意味着“使用这款APS-C感光元件的相机进行拍摄时，如果使用的是一个焦距为100mm的镜头，其画面视角就会达到相当于胶片相机使用150mm镜头所拍摄出的视角”。

其倍数根据感光元件本身的特性而不同。当其所拍摄的画面视角与35mm的胶片等大的时候（即相机视角为“全画幅”时），其倍率将相同。

在现在所使用的单反数码相机中，其视角的倍率可能为1.3倍、1.5倍、1.6倍、1.7倍以及2倍等。

另外，如果你使用的是便携式的数码相机，由于其视角普遍很小，所以不会标注相关的倍率。

单反数码相机的感光元件尺寸与视角变化率

品牌	摄像元件尺寸	视角变化率
尼康	35.9×24.0 mm（D3X）	1倍
	36.0×23.9mm（D3s、D700）	1倍
	23.6×15.8mm（D300等）	1.5倍
	23.7×15.6mm（D40）	1.5倍
佳能	36×24mm（EOS-1D mk3、5D mk2）	1倍
	28.1×18.7mm（EOS-1D mk4）	1.3倍
	22.3×14.9mm（EOS 50D、7D）	1.6倍
	22.2×14.8mm（EOS 40D等）	1.6倍

最具代表性的佳能和尼康单反数码相机的感光元件尺寸与视角变化率如表所示，画面视角会随着感光元件尺寸的变化而变化。

不同的视角意味着什么?

如果改变数码相机的视角，那么拍摄范围无疑将随之发生改变。按照刚才的例子我们能够看到，拍摄画面将会产生“一定的压缩效果”（照片的拍摄范围减小）。这样，我们就可以不用专门特地购买高价的长焦镜头，也可以拍摄到远处的风景，还能够避免长焦镜头笨重的问题，这是其最大的优点。

但是，也有其缺点。如果使用一个焦距为20mm的镜头进行拍摄，APS-C感光元件的相机所拍摄的画面相当于使用30mm的胶片相机所拍摄的效果，与胶片相机相比，其视角范围内拍摄的范围无疑是变小了。如果想要得到使用20mm镜头拍摄的视角，需要使用焦距更小的镜头。

全画幅相机所拍摄的画面（整个图像）与使用APS-C相机所拍摄出的画面（选框内的图像）。虽然使用相同焦距的镜头进行拍摄，但视角将会如此不同。

将得到比全画幅相机同焦距镜头小1.5倍的视角。

改变视角也不会改变镜头的特性

一般在数码相机的说明书中会明确标注此款单反数码相机所搭载的感光元件以及相当于35mm胶片相机相关倍率的画面视角。

但是，由于在拍摄的时候，相机镜头的基本特性没有发生变化，所以使用这款相机所拍摄出的画面的景深等不会发生变化。因此，我们可以将使用ASP-C感光元件的数码相机所拍摄的效果理解为“对胶片所拍摄出画面效果的直接裁剪”。

也就是说，如果你一定要表现300mm的镜头所拍摄出画面的效果，就要尽可能使用200mm左右的长焦镜头。如果你想要拍摄出20mm的超广角效果，那么你就要选用10mm左右的超广角镜头。这是进行理想拍摄的一个基本要点。

1-2

基础知识早知道：

色彩空间与成色的关系

所有的数码单反相机、部分便携式微单数码相机以及普通数码相机中都具备“色彩空间设定”的选项。这一设定对数码相机来说将起到怎样的作用呢?

▶▶ 色彩空间是什么?

所谓的色彩空间，大多数情况下分为两类：Adobe RGB、SRGB。

在部分数码相机的色彩空间设定选项中也有特殊的色彩空间选项，但是绝大多数时候可以从两者间进行选择。

根据这两种模式的不同，相机表现的色彩范围也会有所不同。

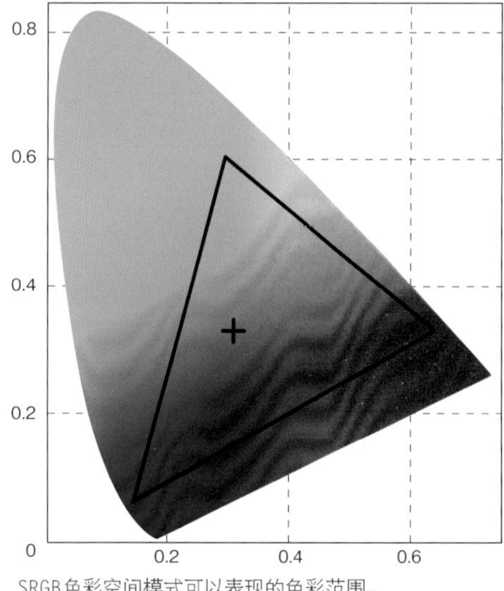

SRGB色彩空间模式可以表现的色彩范围。

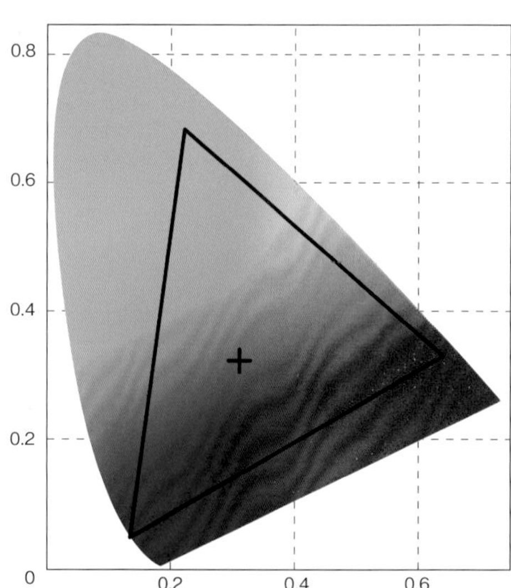

Adobe RGB色彩空间模式可以表现的色彩范围。

sRGB是一种应用最为广泛的色彩空间模式，最初是为适应CRT显示器而开发的一种色彩空间标准，如今在液晶显示器中也可以实现正常的显示。如果采用这种模式拍摄照片，在转发给他人的时候，不论对方显示器或其他环境情况如何，都不会产生太大的偏差，使用起来非常方便。

Adobe RGB 则是由Adobe 公司开发的一种色彩空间模式。与sRGB色彩空间相比，其可能展现的色彩范围更广。Adobe RGB的目的是为了尽可能在CMYK彩色印刷中利用计算机显示器等设备的RGB颜色模式上囊括更多的颜色。在进行DTP等商务打印的时候，多采用这一色彩空间模式。一般来说，支持Adobe RGB色彩空间的显示器等设备价格比较高，使用起来不如sRGB色彩空间那么不受限制。

与sRGB相比，使用Adobe RGB所拍摄照片的最大特点是在绿色系的表现上更加充分。从前一页的示意图中我们可以看出，与sRGB相比，Adobe RGB色彩模式在展现绿色的方面有着更广的色域，同时，在表现蓝色的时候也比sRGB更胜一筹。我们在摄影和打印的时候，可以尽可能的采用Adobe RGB的模式，以追求更为丰富的色彩。

采用sRGB所拍摄的照片（上）与采用Adobe RGB所拍摄的照片（下）。本书印刷出的图像可能不是很清晰，但是如果你在显示器上观察两幅照片，即使拍摄的主体均为红色，但是色彩的鲜艳程度也会有所差别。

1-3

基础知识早知道：

打光技巧与“光比”

在进行摄影的时候，有很多地方都需要我们注意，而在这里我们要着重讨论的是与“光比”这一关键点相关的问题。光比，是指被拍摄物在照明环境下受主光源照射的亮面与暗面之间的光线强度比。在使用大型闪光灯进行室内摄影时我们经常要涉及这一概念。

▶▶ 为了能够充分再现细节

光比越大，画面的对比就越强烈。在使用数码相机进行摄影时，光比过大会造成所拍摄画面的对比度超出感光元件能够有效再现拍摄对象细节的范围，导致画面失真。所以，为了尽量避免这种过亮、过暗的情况出现，我们必须对环境中的光照强度进行充分确认，并采取有效的应对措施。

感光元件所能正确有效地再现景物亮度反差的范围，在摄影中被称为“宽容度”。在超出这一范围的情况下进行拍摄，会造成再现景物细节时出现一定的失真。在使用闪光灯的情况下进行室内摄影，比较容易将光照强度控制在“宽容度”允许的范围内。下面，就让我们一起来探讨一下在室内、室外的不同环境中应该如何应对。

光比1：100

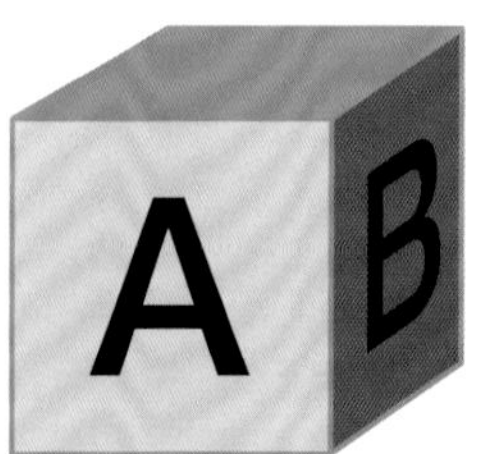

亮面与暗面都能够清晰显示。

光比1：120

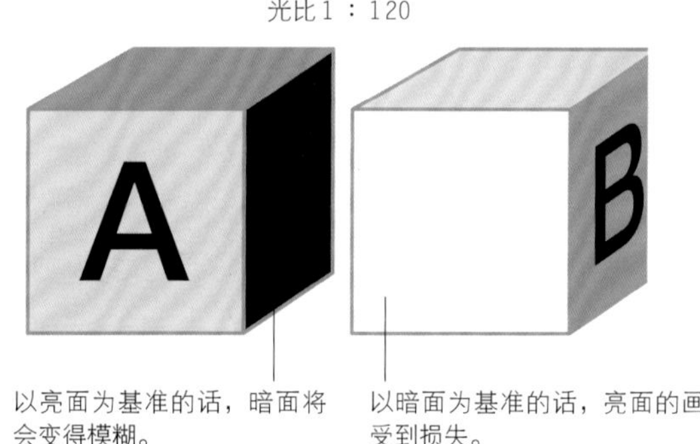

以亮面为基准的话，暗面将会变得模糊。

以暗面为基准的话，亮面的画质将受到损失。

如图所示，在光比为1：100的时候，画面细节能够被准确再现；在光比达到1：120时，所拍画面便超出了能够准确再现画面范围20个单位。所以，为了能够有效再现这超出宽容度20个单位的范围，必须对环境中的光线进行调整，也可以对亮面或暗面进行20个单位的消减，还可以对亮面与暗面同时进行10个单位的消减。

第一章

室内摄影时

如果窗口有明亮光线摄入室内，将会造成窗口位置与屋内其他位置的光照强度产生较大的反差。这时，我们常需要使用一种能够对光线进行反射的工具（反光板）对画面的阴暗部分进行补光，从而达到降低画面明暗对比的效果。

使用某些外置式闪光灯也能达到为画面暗面补光的效果，但是如果使用不当，反而会造成画面不自然，这一点必须加以注意。

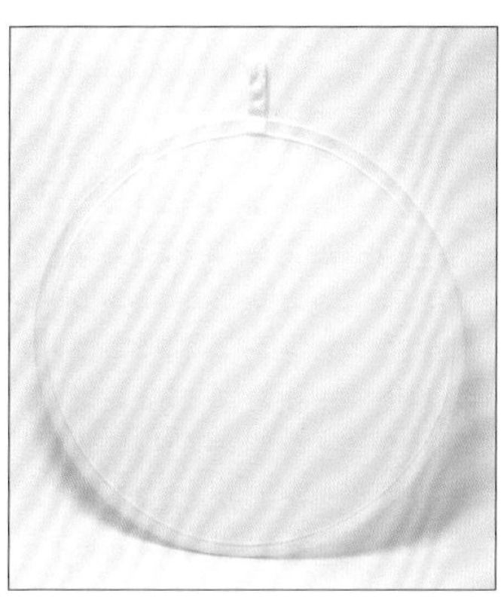

摄影时常用的反光板。不使用的时候可以将其折叠为一个小巧的收纳包，使用时一展即开，极为便利。紧急情况下，也可以使用白纸等代替反光板使用。

室外摄影时

与室内摄影相似，室外摄影时也经常需要使用反光板进行补光。在拍摄女性肖像时特别需要柔和的光线，可以使用离机闪光灯等设备对环境光线进行调整控制。在与被摄物体相距较远或无法使用前面的方法进行处理时，可以按照后面我们提到的方法，充分发挥数码相机的特性，对画面中过亮或者过暗的部分进行调整。

晴天室外摄影的补光效果

晴天时候物体的阴影会比较明显。在这种情况下，不使用补光进行拍摄（左图）与使用离机闪光灯进行补光拍摄（右图）的效果如图所示。使用闪光灯作为补光光源进行拍摄，能够非常有效地去除画面中杂乱的阴影，并使人物的表情更加清晰可辨。画面其他部分的细节也因此而变得更加清晰了。

▶▶ 使用数码相机调整对比度

使用数码相机的时候，可以对很多参数进行设定，如色调、锐度等。可以在使用相机前就对你所希望的各种有关画面质量的信息进行直接设定，其中也包括画面对比度的设定。

对数码相机进行减弱画面对比度的设定，可以拍摄出比平时画面更为柔和的图像。与通常的设定相比，这样处理可以收集比平时更为丰富的内容。在胶片时代，如果想达到这样的效果，只能通过选择不同的胶片来实现，但数码相机的操作显然更加简便，可以随时进行。

在同样的环境中使用不同的对比度进行拍摄得到的效果。对数码相机的对比度进行减弱后，与加强对比度相比，画面亮部以及暗部所展示的细节更加丰富。在如图所示的强光造成阴影十分严重的情况下，对对比度进行节就显得十分必要。

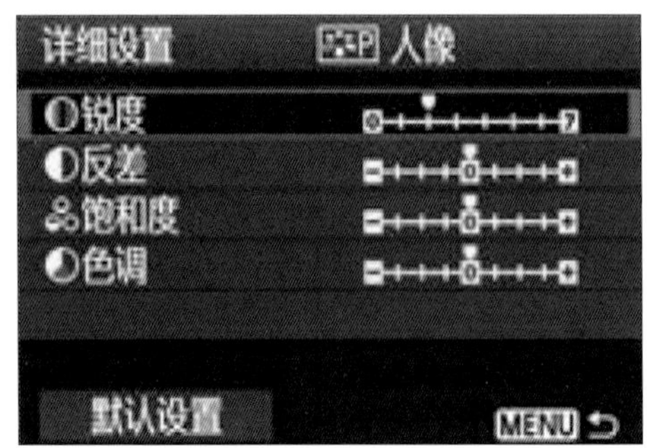

在对数码相机的对比度进行调节的时候，要根据环境中光线的变化进行细微的调整。

▶▶ 使用RAW显像软件调整对比度

数码相机可以在拍摄前对相机进行的调节，也可以拍摄后通过对RAW文件进行后期处理和调节。虽然JPEG图像也可以进行相应的调节，但是由于其进行大范围的调整后，会造成画面质量的大幅下滑，故而调整RAW文件更为有效。

使用RAW显像软件进行调节的时候，可以使用相应的工具对画面特定位置的明暗进行调整，能够进一步提高画面的处理质量。

使用Photoshop Lightroom软件的“阴影”工具可以对RAW文件图像的暗部进行补光。使用“阴影”工具对暗部进行补光可以实现类似在拍摄中使用反光板进行补光处理的效果。上图为没有使用该效果的图像，下图是对画面进行补光后的效果。其差别一目了然。

1-4

基础知识早知道：

文件形式与画质-JEPG与RAW的优缺点

几乎所有的数码单反相机和部分便携式微单数码相机在拍摄照片后都可以按照“JPEG”和“RAW”两种不同的文件形式加以保存。我们在这里将比较一下这两种不同的图片格式的优缺点。

▶▶ JPEG为最常见的图片格式

JPEG图像是一种适用范围最为广泛的图像文件，可以使用电脑对这一格式的文件进行直接的浏览。由于这一文件格式几乎可以用任何的电子数码产品进行浏览，在拍摄后需要对照片直接进行拷贝或者发送给他人的时候，通常可以选用这一格式。

另外，由于在拍摄后对图像进行了压缩处理，文件相对较小，这也是其优点之一。使用同样大小的储存介质对图片文件进行保存的时候，可以储存更多的文件，故而在储存介质相对紧张或拍摄了大量的照片时可以选用这一格式。

其最大的缺点是由于图像文件进行了压缩处理，故而画质有所损失。如果你对于摄影后得到的照片格式不在意，可以选用这个格式进行储存。但是，如果想使用后期处理软件进行后期处理，由于其压缩率较高，处理后会大幅损失画质，不推荐使用。

▶▶ 可以对JPEG格式的图像进行画质设定

在使用JPEG格式拍摄图像的时候，可以对画质进行详细的设置。在大多数的数码相机中，可以对照片的尺寸（长宽边的像素数）与压缩率（文件大小）进行选择。根据拍摄对象、照片的用途以及拍摄后是否要进行相应的处理进行自由设置。

JPEG格式图像的优缺点

优点	・最常用的图像形式，可以用于各个场合 ・图像文件经过压缩，便于储存 ・摄影时可进行详细的设定
缺点	・由于经过压缩，图像质量会有所损失 ・之后如果进行后期处理，会进一步使画质大幅降低

储存大小的变化

尺寸	像素数
大尺寸	约1600万（4896×3264）像素
中尺寸1	约1240万（4320×2880）像素
中尺寸2	约840万（3552×2368）像素
小尺寸	约400万（2448×1632）像素

表中是佳能单反相机“EOS_1D MARK4”中保存JPEG格式图像时对应的图像尺寸表。多数数码相机都可以进行类似的设定。

RAW是一种活生生的图像文件

JPEG图像文件是一种对画面的色调、锐度等通过相机进行处理后得到的文件。而RAW是“未经加工”的图像文件，是CMOS或CCD图像感应器将捕捉到的光源信号转化为数字信号的原始数据，是记录了数码相机传感器的原始信息，同时记录了由相机拍摄所产生的一些原数据（如ISO值、快门速度、光圈值、白平衡等）的文件。可以把RAW概念化为“原始图像编码数据”或更形象的称为“数字底片”。在使用电脑查看、处理这种文件时，需要首先进行相应的“显像”处理。

其最大的优点是可以使用电脑在后期对快门速度、光圈值、白平衡等进行详细的调整。这一过程相当于对胶片进行冲洗，而且更能够在电脑上进行实时的确认。

当然，你也可以在后期对JPEG图像文件的各个参数进行调整和处理，但是操作后照片的质量将会大打折扣。而在对RAW图像进行处理时候，可以不损失画面质量，显然更加值得推荐。如果在拍摄时出现了一些曝光问题，通过软件还可以对RAW图像进行修补，这也是一个十分便利的地方。

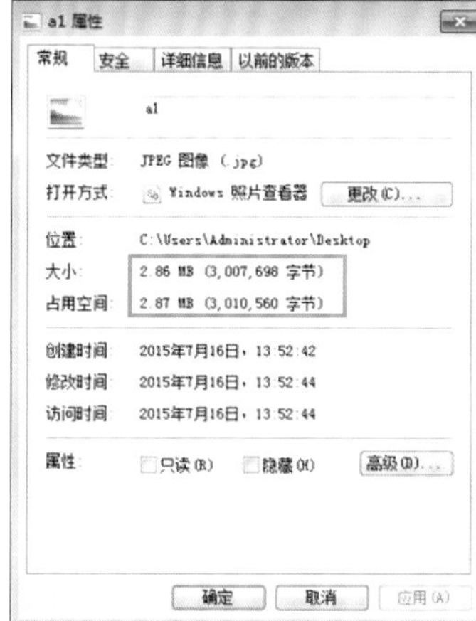

RAW和JPEG分别进行储存，使用同样的1000万像素拍摄的相同风景的照片。比较文件大小，与2.8MB的JPEG文件相比，RAW的文件将达到8倍以上的23.4MB。

a1.raw

a1.jpg

另外，RAW图像文件进行保存时，照片的质量也会大幅提高。与早期相比，现在使用的RAW图像显像软件已经添加了大量的后期处理功能，这样处理后的画面质量也会得到进一步的提升。

众所周知，在画质和后期处理方面都更有优势的RAW图像与JPEG相比，其储存时候的大小也相对大得多。并且，如果想要为别人进行展示，需要首先通过显像软件进行处理，其操作相对复杂，这也是一个问题。另外，摄影时候拍摄数量较多，操作比较频繁的时候，操作时间也会相当长，在使用这种文件时，也要加以考虑。

RAW格式图像的优缺点

优点	・在通过显像后期处理的过程中比较自由 ・生成照片的质量高
缺点	・文件较大 ・拍摄后无法直接欣赏

| 小贴士 |

RAW文件的派生版本“DNG”

由于不同品牌的数码相机有着不尽相同的RAW格式文件，所以Adobe公司开发出了一种数码相机原始数据的公共存档格式，解决了不同型号相机的原始数据文件之间缺乏开放性标准的问题。

这种照片格式有助于确保摄影师们将来能够访问诸如莱卡、理光等不同公司开发的RAW格式文件。这可以防止你所使用的相机品牌销售终止后，该品牌开发的RAW格式不再使用造成的各种问题。

也可以通过电脑实现RAW文件向DNG文件的转换。

1-5

基础知识早知道：

注意照片像素的最大打印值

在进行摄影时，首先要对自己的相机拍摄照片后能够打印出的最大尺寸有一个基本的概念，以保证照片打印的画质。这也将成为之后进行剪裁等后期处理的基础。进行剪裁等决定画面构图的基础。

▶▶ 以保证最大打印大小为目标

在不损失画质的前提下，对照片进行打印的最大尺寸是由三个方面决定：相机感光元件的像素数、照片的分辨率、打印时的分辨率。

在这里，人们对于打印的分辨率常有一个误解。一般来说，喷墨打印机的商品介绍中所记录的分辨率通常会是一个如“1440DPI”“2880DPI”这样的巨大数值。这一数值描述的是打印机印刷元件的细致程度，而非照片的分辨率。

一般来说，通过打印机打印出的照片的分辨率为200DPI左右。请一定不要将这两个概念混淆。

另外，提高打印尺寸等于扩大打印用纸的大小。一般来说，观看较大尺寸的照片时，我们所离的距离也较远，于是，在这种情况下，稍微降低一些分辨率也不会对实际观看效果造成太大的影响。在比较讲究细节的照片打印时，以200DPI作为参考基准就可以了。

另外，照片的分辨率没有必要完全统一。有时根据被摄物需要展现的细节程度不同，可以有所变化。在打印建筑物等比较精致的照片时要提高分辨率，而如果打印的是轮廓不太鲜明的风景照，分辨率则可以适当降低。

相机感光元件的像素数与最大打印尺寸（以照片分辨率为200DPI计算）

400万像素	约312mm×209mm
600万像素	约390mm×260mm
800万像素	约445mm×296mm
1000万像素	约493mm×329mm
1200万像素	约544mm×361mm
1600万像素	约633mm×422mm
2000万像素	约711mm×469mm

现在生产的数码相机的感光元件的像素值一般较高。通常来说，400万像素的相机拍摄出来的相片可以在A4纸上打印出比较理想的效果。

▶▶ 当对画面进行剪裁后打印时

为了提高拍摄技巧，我们在拍照时要尽可能地设想在不进行任何后期处理的情况下进行构图。但有时根据使用需要，我们也需在进行照片的打印冲洗前对照片进行剪裁和修饰。这时，我们就要提前对自己相机所拍摄的照片剪裁到多大的大小后仍能够打印出质量较高的效果有一个基本的了解，然后再进行拍摄的构图。也就是说，在拍摄时，要对消减多少像素后不影响打印质量做到心中有数。

但是，如果想要打印出大幅的照片，进行大范围的剪裁一定会造成像素的损失。故而要尽量将裁减的范围控制在尽可能小的数值内。

所使用的是1000万像素的照相机。其最大打印尺寸约为493mm×329mm。也就是说，如果想要打印在一张普通A4纸上，裁减掉画面一半大小的范围应该毫无问题。

选框中为1000万像素的相机所拍摄的画面，框线处是使用A4纸打印时最大的剪裁范围。

1-6

基础知识早知道：

显示设定与色彩

数码相机所拍摄的照片一般都需要通过显示器进行预览，但是，如何才能保证显示器正确的显示出图像的色彩呢？在对数码相机拍摄的作品进行处理时，除了相机和镜头之外，我们还需要注意一些其他的问题。

▶▶ 刚买来的显示器色彩偏青色

刚买来的打印机按照其原始设置，显示出的颜色一般会偏青蓝色。显示器所显示的白色，并不是纯白，而是带有蓝色的青白色，这是因为显示器的色温较高而造成的。采取这样的初始设定是因为可以避免显示器中红色和橙色过于扎眼，同时还能抑制画面中的噪点。但如果想要对照片进行细致的观察和处理，这样的设定显然是不合适的。先不说构图，如果不能将照片本身的颜色正确的显示出来，整个照片的印象就会产生重大的偏差。

我们首先要做的就是改变显示器的色温设定。在显示器的设定项目中，除了明度和对比度的设置之外，还配备有色温调节功能。首先对其内容进行确认，如果显示器的色温显示在“9300K”左右，我们要将其降低为“5000K”左右。

但是，由于长期面对着高色温的青白色显示器，一旦降低色温，会感觉画面偏黄，产生不适感。随着这一习惯的改变，不适感将慢慢消除。为了避免养成不正确的色彩习惯，要尽早对色温进行设定。

通过显示器的设定功能对色温进行调整。首先确认预设值，然后将其调整为5000K~5500K。如果显示器无法设置为这一数值，那么要尽量选择最低值进行设定。在最大程度上减少青白色的偏色是一种聪明的做法。

▶▶ 通过校准器进行详尽的调整

如果无法对显示器的色温进行选择或只能选择高色温，该怎么办呢？依据色卡对比的方式也不是不可行，但这样调整的结果无法保证精确。这时我们就要用到校准器和色彩测试软件了。

通过对显示器的颜色数据进行读取，测色机能够将实际显示色彩与正确色彩进行比较，并自动对显示器的色彩进行调整。使用电脑进行图像处理时，校准器可以说是必备品之一。校准器作为一种专业工具，有着很多不同的类型。从价格较低的针对初学者的款式到昂贵的高精度产品，一应俱全。可以通过访问制造商的网站对机器的特征进行查阅，按照自身需求选择相应的型号。

X-RITE是该领域最著名的品牌之一，在其网站上展示了各种各样的校准器。

在很多电商网站上也可以查阅到不同品牌的校准器的详细资料。

1-7

基础知识早知道:
打印机的选择与打印用纸大小

拍摄的照片一般都会想要打印出来，很多人都是为此而购买打印机的。最近的打印机功能和画质都进一步得到了提升。我们来稍微介绍一下打印时如何确定照片的大小。

▶▶ 如今是“图像画质”主导的时代

喷墨式打印机近年来在画质方面取得了突破性的进展。很多家庭购买的打印机都可以直接打印出与胶片摄影时代相近质量的照片。但一般来说，这样的彩色喷墨打印机仍然比价格低廉的商业文书打印机贵出不少。为了使其物有所值，我们要进行精心的选择。

很多打印机除了单一的打印功能外，同时还兼具扫描和传真等附加功能。还有不少打印机可以实现不通过电脑为中介，直接连接数码相机完成打印。另外，不同打印机的打印画质也会有较大差别，要根据自己的用途和预算进行相应的选择。

复合式打印机一般只能打印标准A4尺寸的文件。如果想要打印更大的图片，就一定要选择更高级的单功能打印机。

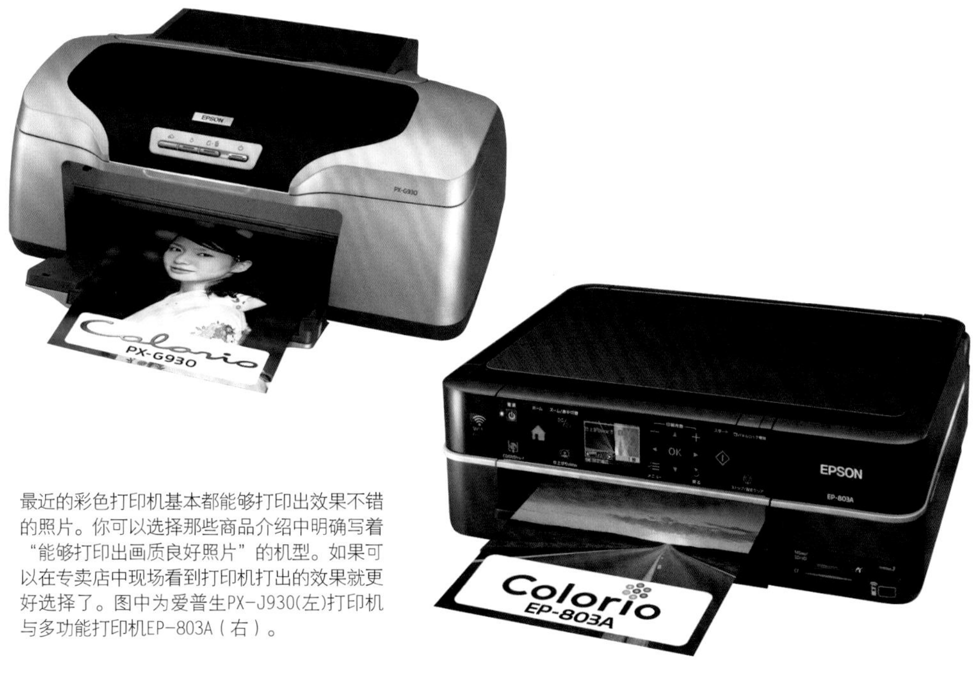

最近的彩色打印机基本都能够打印出效果不错的照片。你可以选择那些商品介绍中明确写着“能够打印出画质良好照片”的机型。如果可以在专卖店中现场看到打印机打出的效果就更好选择了。图中为爱普生PX-J930(左)打印机与多功能打印机EP-803A（右）。

▶▶ 掌握打印的大小

多数打印机都是以A4纸为标准的。但实际上我们在打印照片时，A4纸的纸张显然过大了。作为个人鉴赏来说，这样的大小已经足够了，所以，可以打印照片的打印机的选择范围很大。

如果还想打印更大的照片，可以选择B4或者A3的打印机。由于这些打印机的体积一般较大，除了要在专卖店确认它打印的画质之外，也要充分考虑放置的位置。

如果你想打印比A4更小尺寸的照片，就要首先确认打印机是否具备相应的打印驱动、自动送纸选项等要点。虽然打印后再进行剪裁也不是不可以，但是否具备这些功能对于你所选择打印机的价格来说有较大影响。

各种纸张尺寸

纸张	长(mm)	宽(mm)
A2	420	594
A3	297	420
A5	210	148
A6	144	105
B5	182	257
全开	787	1092
对开	520	740
4开	370	520
8开	260	370
16开	185	260

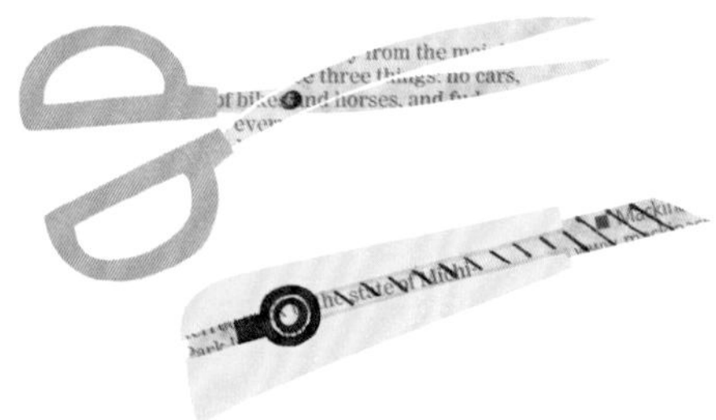

1-8

基础知识早知道:

使用扫描仪录入照片

数码相机所拍摄的照片直接保存为数字资料。但胶片相机所拍摄的照片则需要通过扫描仪录入后才能进行数字化处理。那么，如何选择一台合适的扫描仪呢?

专用设备性能更强

最近，兼具打印、扫描、传真功能的复合式一体机在家庭用户里人气很高。那么，到底是使用这种复合式一体机扫描照片，还是购入一台专业扫描仪呢? 如果你追求高画质，我们还是推荐使用专业扫描仪。

复合式一体机虽然可能也拥有较高的分辨率，但一般是针对文字较多的商业文书所设计的。在处理照片微妙的色彩变化时就不太在行了。如果你已经拥有了一台复合式一体机，那么使用它进行扫描时，要尽量提高扫描的分辨率和尺寸，尽可能多地录入照片信息。

图为单功能扫描仪爱普生的JT-X970。不但能够有效地扫描文字文件，在读取各种尺寸的照片方面也有很好的效果。

复合式一体机一般都具备扫描功能。如果使用已有的复合式一体机进行扫描，必须提前进行有效的设置。图为爱普生的复合式一体机EP-803A。

▶▶ 进行照片扫描录入的技巧

最重要的一点是照片的表面要保持清洁，防止落上灰尘和污渍。另外，扫描仪的读取设备（玻璃制成的透明部分）也要防止指纹和灰尘的掉落，时常进行清理。

一般来说，对照片进行数字化处理之后，都要进行相应的修正和补充操作。这时，一幅最为接近原始图像的图片十分重要，这样可以最大程度地减少后期处理的步骤和负担。

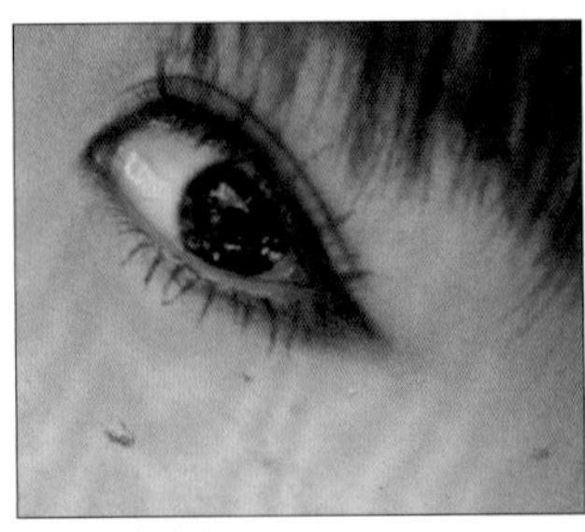

眼部周边放大。

落有灰尘的状态（上左）与对原稿进行清理后扫描的图像（上右）。对落有灰尘的部分进行放大处理后，可以看得很清楚。由于扫描仪对灰尘和污渍也会进行清晰的扫描，画面的质量将受到严重的影响。

1-9 Photoshop Lightroom的特性

Photoshop Lightroom的全称为Adobe Photoshop Lightroom，是Adobe旗下众多Photoshop图像系列软件中非常著名的一款。其最大的特征是能够实现对数码相机拍摄出的RAW格式文件进行高效的显像和处理等管理工作。在这里首先对其进行一个简单的介绍。

高效实现RAW显像操作

Adobe Photoshop Lightroom软件是当今数字拍摄工作流程中不可或缺的一部分。它可以快速导入、处理、管理和展示图像，增强的校正工具、强大的组织功能以及灵活的打印选项可以帮助您加快图片后期处理速度。在Photoshop CS3软件中也可以通过“CAMERRARAW”插件实现对RAW图像文件的管理，如果对这两款软件进行同样的设定，它们的操作和处理基本可以相通。但是，如果你需要经常对大量的RAW文件进行管理，Photoshop Lightroom是一个更加高效的选择。

Photoshop Lightroom最为便利的地方是可以实现图像文件从选取到显像操作的无缝衔接。另外，这款专门针对RAW格式文件进行显像处理和资料管理的软件没有其他多余的功能，运行速度也更快。如果需要进行处理的RAW图像较少，采用在Photoshop CS3软件中的“CAMERRARAW”插件也可以完成，但是对于需要处理大量的RAW图像的使用者来说，我们更推荐使用Photoshop Lightroom。

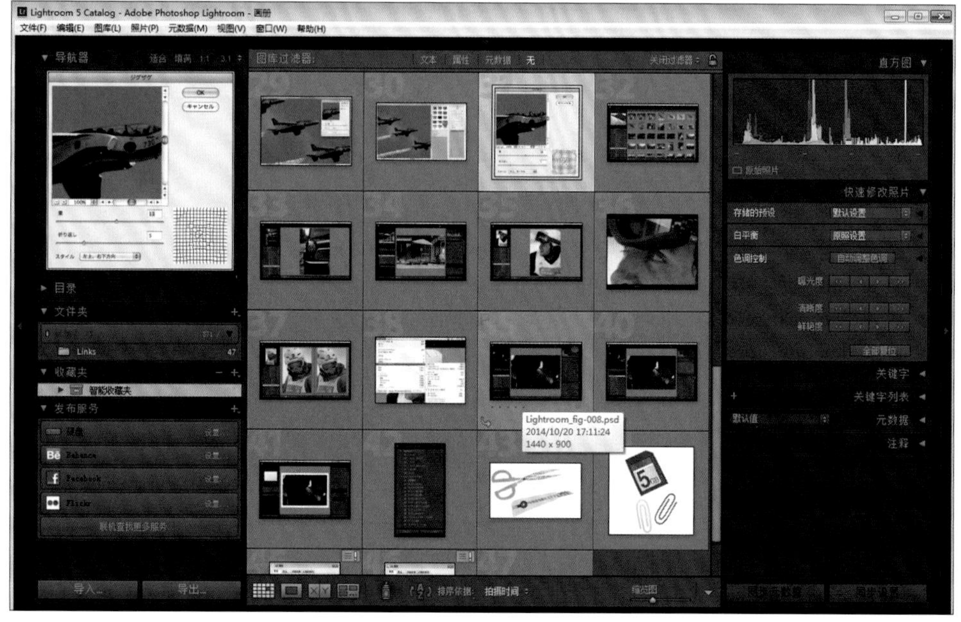

Photoshop Lightroom的图库显示画面。可以在这一模式中对图像文件进行选择和管理。

Photoshop Lightroom软件不但具备图库模式，还可以转换为幻灯片模式、令选择的照片进行放大以及以原尺寸显示，还能够对照片中的瑕疵进行详尽的查看和确认。

▶▶ 能够对RAW文件进行多种参数调整

Photoshop Lightroom软件可以对各种不同的数码相机拍摄出的优劣各异的RAW图片进行相关参数的调整，除了色温、曝光、色调等基本调整项目，还具备其他大量的拓展性功能，比如可以根据相机所使用镜头的相关信息制成“描述档”，使用软件的“根据描述档自动修正”功能进行调整。

另外，如果想要对画面上的小瑕疵进行处理，可以使用Photoshop Lightroom软件的污点去除功能，也就是说，几乎所有的图片显像处理都可以在Photoshop Lightroom软件中完成。在不需要进行过于复杂的图片处理时，单独使用Photoshop Lightroom软件可以实现图像的管理。

图像显像模式下的操作界面。在界面的右侧有一些排列的工具面板，由于项目众多，无法一次性全部显示，拉动滑块可以对其他未显示的部分进行显示。

1-10

关于Photoshop Lightroom：

为了更有效的选取和整理照片

Photoshop Lightroom软件的照片选取功能非常强大，可以实现对照片的高效管理。

▶▶ 采用多显示器的方式确认构图与瑕疵

Photoshop Lightroom可以适应多显示器连接的情况。如果电脑连接两个显示器，Photoshop Lightroom可以实现在主显示器上打开图库显像模式，而在副显示器上现实100%的图像画面，这样就可以在主显示器上进行构图确认和选择的同时，在副显示器上对照片的细节进行精细的确认和调整。

与主显示器一样，在副显示器中可以实现网格视图（缩略图）、缩放视图、比较视图、选择视图和幻灯片视图5种不同形式的视图显示，可以根据操作需要对显示内容进行变化。

当然，主显示器也可以实现网格视图（缩略图）、缩放视图、比较视图、选择视图和幻灯片视图的切换和显示，当只有一个显示器的时候依然能够进行高效的图片显像和处理操作。

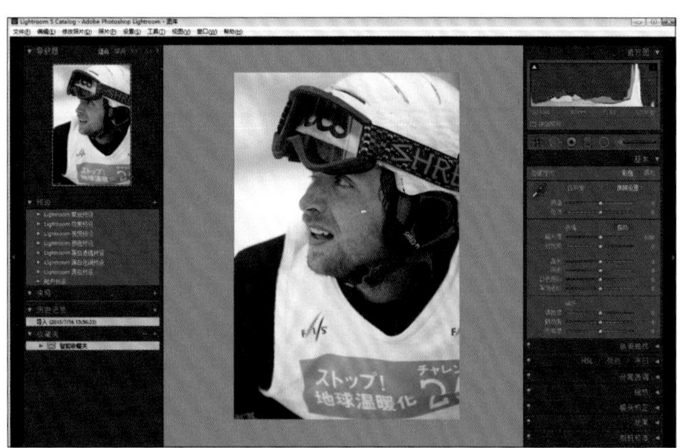

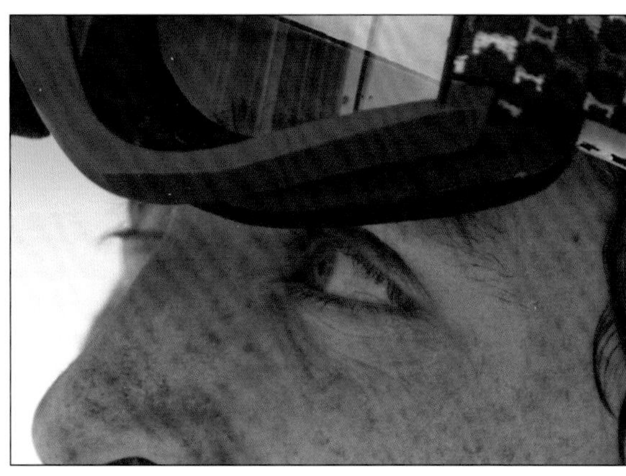

在多显示器的情况下，每一个显示器都可以使用不同的视图模式。当主显示器采用某种显示模式的时候，可以使用副显示器采用其他模式显像，当需要对图像进行100%显示的时候，可以不进行逐一的放大查看，大大提高了操作的效率。

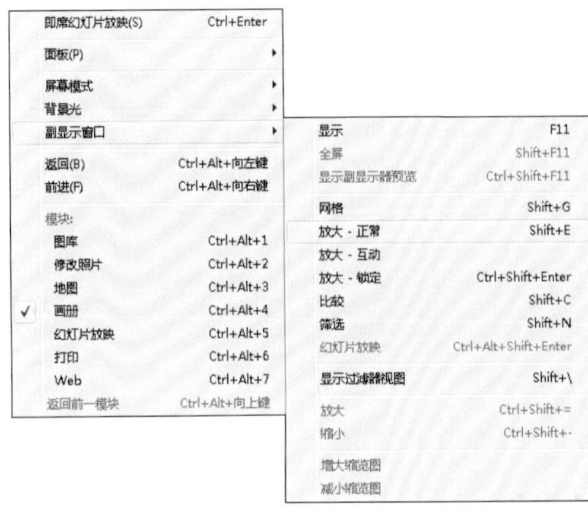

第二画面的显示方法有很多种，可以根据自己的操作习惯加以选择。

▶▶ 使用“比较”功能快速找到不同点

如果对构图上差别很小或拍摄对象的表情差别很小的两幅图片进行选择的时候，可以通过比较视图进行比较照片后选择。在比较视图中，所选择的两张照片将并排排列，进行比较时十分便利。在网格视图或胶片显示窗格中选择两张照片，然后单击工具栏中的“比较视图”图标，也可以选择“视图”>“比较”进入比较模式。

与一张张的显示照片相比，在比较视图中所采取的并列照片的方式能够更加便利地实现比较。在选好需要处理的照片后，可以再通过显像视图进行相关的处理操作。

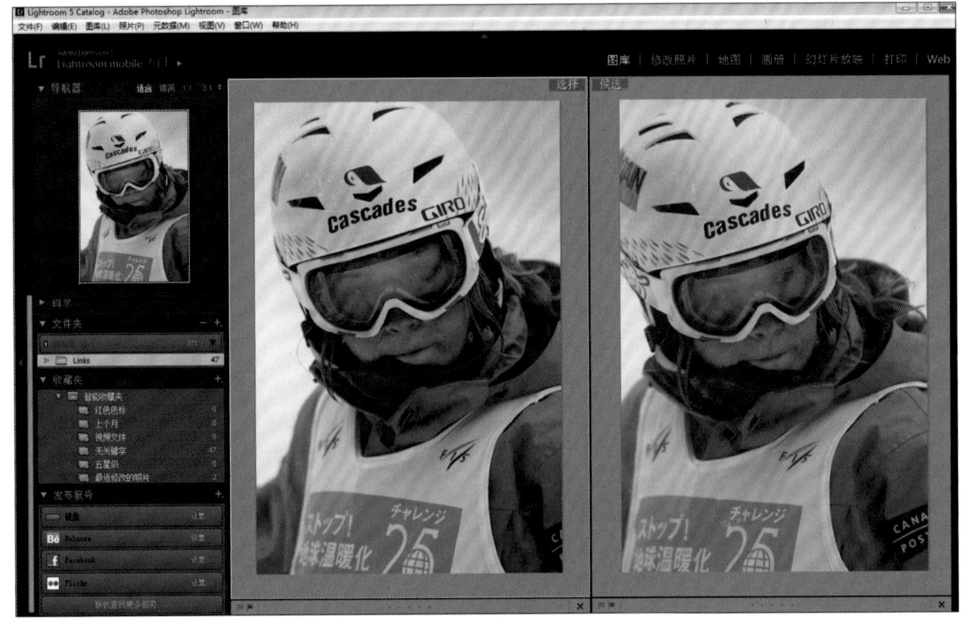

在比较视图中并列显示两张照片（左侧为选择，右侧为备选）可以随时进行位置交换，从而再次将选中照片置于显像界面中进行处理。

1-11

关于Photoshop Lightroom：模仿暗室作业效果进行照片处理

RAW文件的显像作业相当于通过暗室对胶片进行冲印的功能。通过Photoshop Lightroom软件，可以实现对各种暗室冲印过程的再现，按照你的需要进行照片的显像处理。

▶▶ 轻松实现“局部曝光处理”操作

Photoshop Lightroom除了能够进行数码参数的设定以外，还可以采用模拟暗室冲印过程的操作来实现照片的成像。

在以往对胶片照片进行冲印的时候，经常会使用一种技术，使洗出的照片得到一部分亮一部分暗的效果，这种处理方法被称为“局部曝光处理”。而在Photoshop Lightroom中对照片进行处理的时候，可以使用笔刷工具实现这一效果，自由的对照片的各个部分进行亮化或者暗化处理。

除了这种功能之外，Photoshop Lightroom中还可以实现对照片中人物的“红眼”问题进行处理。在家庭快照中，人物的红眼问题十分普遍。在有孩子的家庭中，在孩子欢乐的生日宴会上都会拍摄的照片，因受到环境的影响，很容易拍摄出带有红眼的人物。作为一个面向各种不同技术水平的操作者来说，Photoshop Lightroom提供了非常方便的红眼处理功能。

另外， Photoshop Lightroom还提供了诸如对画面进行浓淡处理、细节修正、照片旋转等多种功能。使用这些功能能够更加有效地令你所处理出的照片达到更理想的效果。

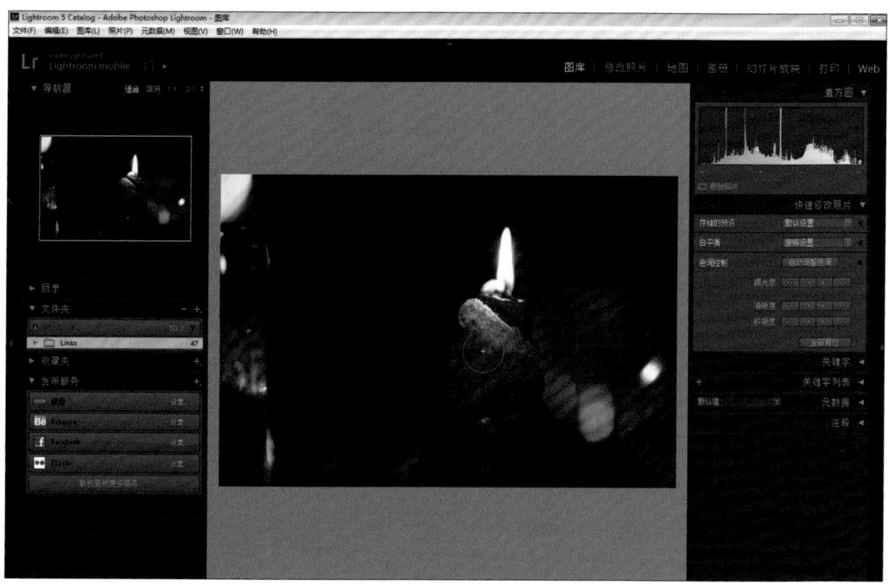

在使用“修正笔刷”进行处理时，可以对笔刷涂抹部位的锐度、曝光率、明度、饱和度等进行调整。而使用Photoshop CS3时需先使用选区工具对其进行框选定位后才能调整，这是其最大的优点。上图将圣诞老人面部的曝光率进行了一定的增大。

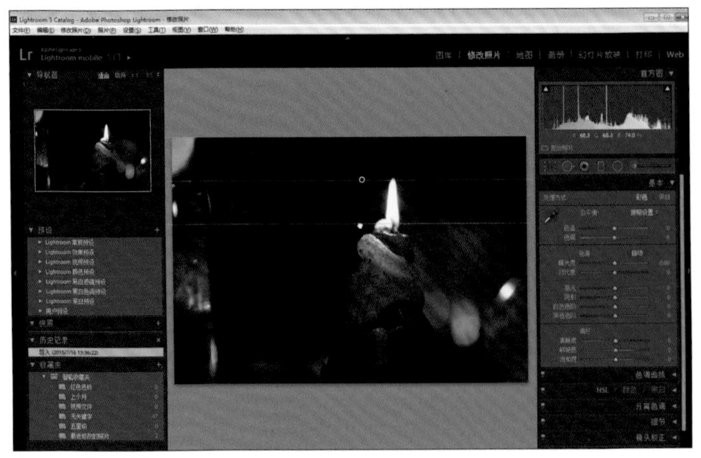

“过度滤镜”虽然没有“修正笔刷”工具那么大的自由度，但是能够对图像的色调进行自动处理。对蓝天等进行色彩强调的时候尤其方便。左图通过对背景部分进行暗淡的处理，更加突出了前面蜡烛的冲击力。

▶▶ 显像后直接使用Photoshop Lightroom进行打印处理

Photoshop Lightroom处理完的照片可以直接进行打印处理。除了一般打印处理中常见的纸张大小调整外，通过该软件还可以进行一张纸张上照片数量的选择、设定留白空间（上下左右都可处理）、添加签名档和作者名等操作。

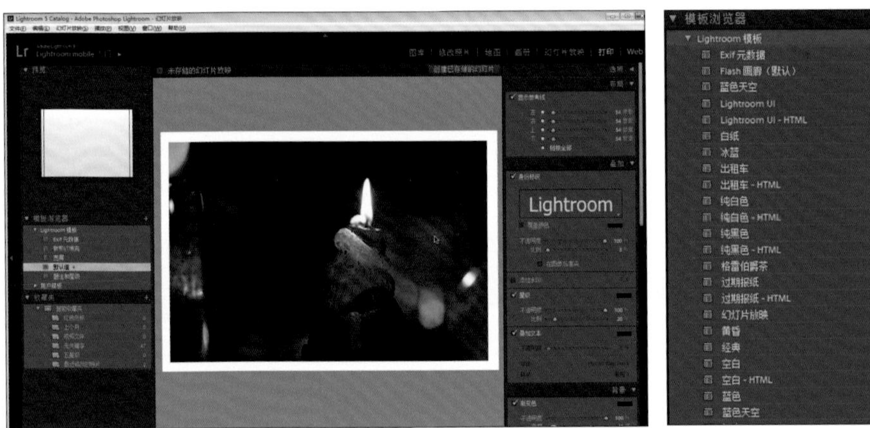

打印模式的画面。右侧的面板可以进行很多相关处理。在纸张大小、照片的排列等方面有着丰富的模板以供选择。（右图）

▶▶ 管理–显像–输出能够皆备

Photoshop Lightroom是一款能够对照片进行详尽管理的软件，其不但能够实现对RAW格式的照片进行显像和处理，也可以处理包括JPEG和TIFF等格式在内的几乎所有格式的图像。通过软件对所有图像进行整体的管理是其最大特征之一。如果你觉得分别使用显像软件和后期处理软件处理图像太麻烦，可以选择将图像都导入Photoshop Lightroom软件进行处理。

1-12

Photoshop CS3的特征

Photoshop CS3是一款处理照片以及所有数码图像的专业软件。可分为家用版和商用版两个不同的版本，现在CS6为其最新的版本。那么，这是一款怎样的软件呢？首先为大家进行一个简单的介绍。

▶▶ 能满足从初学者到高手所有需求的丰富功能

Photoshop 在当下所有图像处理软件中拥有最为强大的功能，几乎可以完成你所需要的所有图像的加工操作。所以，其用户广泛分布在从初学者到专业人士的全部领域。

但是，正是因为具备了很多只有高手才用得到的专业功能，使这款软件的内容十分丰富繁杂，甚至很多功能对非专业人士来说是基本用不到的，这也令不少使用者感到难以掌握。另外，由于其网罗了几乎所有的图像处理功能，价格也比较高。对于初学者来说，可以使用功能较为简单的Photoshop Elements版本。

图为Photoshop CS3的操作界面。左侧具有各种绘图工具，右侧则设有图层、通道等各个面板。除了图中所示的面板外，共有24个不同种类的面板可供调用。可以根据你的处理内容调取相应的面板进行有效的操作处理。

▶▶ Photoshop CS3的两个版本

Photoshop CS3有两个不同的版本。一个是拥有必备功能的Photoshop CS3，而另一个是增加了3D组件以及动画编辑功能的Photoshop CS3 Extended。

通常的操作使用Photoshop CS3就没有问题了。对初学者来说，甚至使用Photoshop Elements就已经足够了。在需要进行3D图像制作和动画编辑操作时，可以选择功能更加强大的Photoshop CS3 Extended。

Photoshop CS3 Extended中的动画处理模块。图像下部有一个对动画进行调节的时间轴。

1-13

关于Photoshop CS3:

强大的照片编辑功能①

Photoshop CS3中具备了多种高度集成的画面编辑功能。我们先向大家介绍几个具有代表性的功能。

▶▶ 强大的色调调整和范围选择功能

对照片进行后期处理时，用到最多的便是色调修正的相关功能了。在Photoshop CS3 中有21种对色调进行修正的方法，可以根据需要选择与画面内容最相适应的项目来进行高效的处理。

与这一功能相匹配的另一个功能是选区。Photoshop CS3中为我们准备了多种制作选区的方法，可以通过工具面板进行自由选择。

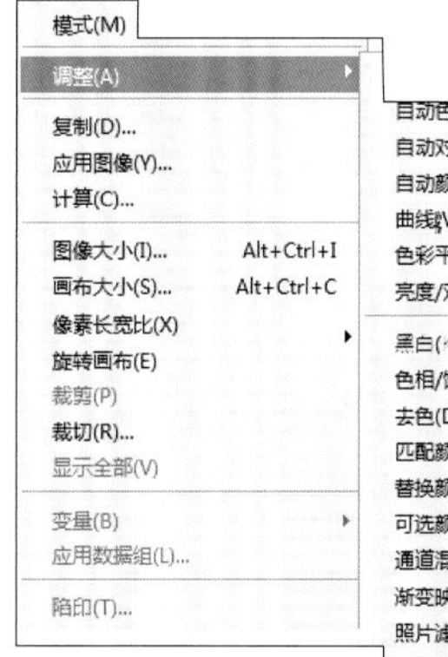

色调调整工具选项如图所示。根据修正的目的不同，可以选择最适合的选项，进行各种各样的尝试吧。

图为使用快速选择工具制作选区的过程。在Photoshop CS3中有着类似这样可以对较为简单的选区进行便利选择的工具，也有能够通过较为复杂的操作制作出复杂选区的方法。

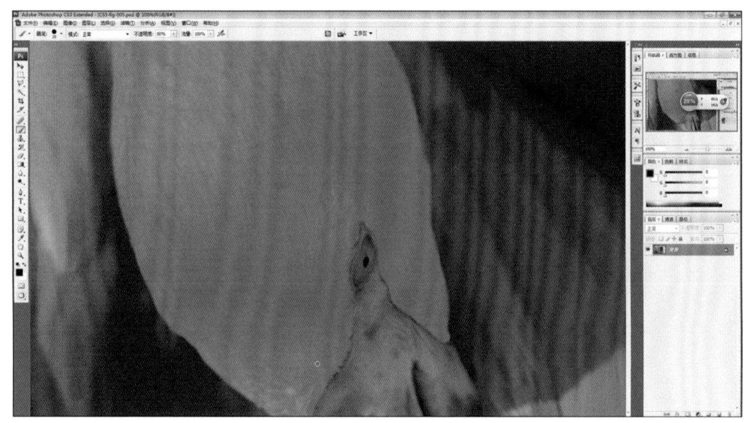

如果画面色彩比较相近，在使用工具对其进行选择比较困难的时候，可以通过快速智能模式的蒙版进行选择，这样可以对复杂的情况进行有效的选取。在进行这样的操作时，使用手写板将大大提高效率。

▶▶ 使用图层功能合成图像

在Photoshop CS3中最具代表性的功能便是“图层”了。使用图层功能就如同在进行动画的背景合成一样，将图像一个一个进行叠加，反复尝试和修改，制作出非常复杂的合成图像。另外，如果使用绘图模式，则可以通过后期处理，制作出仅仅通过画面叠加无法实现的图像合成。

但是，如果想要进行多层图层的叠加操作，对设备的要求也就更高，需要相应的提高电脑的性能，这是其缺点之一。但是，由于这样的功能能够提供极具创造力的制作空间，故而依然十分受到推崇。

在作为背景的画面上叠加两张其他的照片。左图是通过对各个图层进行相应的后期处理后得到的画面。制作起来十分便利。

1-14

关于Photoshop CS3:

强大的照片编辑功能②

Photoshop CS3具有非常强大的照片图像编辑功能。我们首先对其最有特色的功能进行一个简单的介绍。

通过插件进一步拓展相关功能

Photoshop CS3中具备一种被称为“插件”的拓展性功能。通过插件选项中的滤镜功能，可以提供很多效果各异的图片编辑。充分利用这些功能，无疑能够更加便利地制作出更为接近自己理想效果、画质质量更高的图像画面。

Photoshop CS3中除了具备的插件之外，还可以通过网络或者专营店购买插件，种类十分丰富。即使是仅仅使用Photoshop CS3中配备的标准滤镜，也能够找到很多能够满足你需要、大大减轻图像处理操作的繁复程度的插件，非常值得推荐。

锐度调整

在对画面进行锐度调整的时候，最常用的是一个被称为“USM锐化”滤镜的插件。USM锐化在Photoshop锐化滤镜中是被用得最多的一种锐化工具，它提供了对锐化过程的最大控制空间。在“USM锐化”对话框中有3个滑块：数量、半径和阀值。通过相应的调整，可以高效实现画面的锐化处理。在画面边缘模糊时，可以使用该工具。

使用艺术滤镜表现艺术效果

艺术滤镜提供了12种艺术效果，可以让您的照片别具风格。使用“艺术滤镜”中的“粗糙蜡笔”滤镜就可以模仿蜡笔画，并通过笔刷的粗细进行相应的调节，调整艺术效果的强度和色彩。

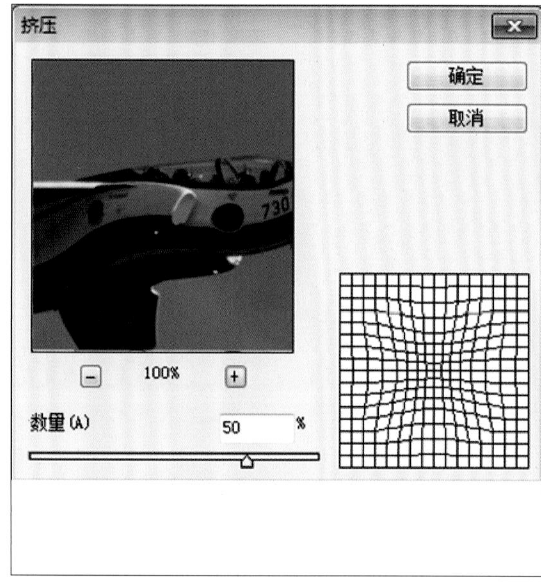

扭曲滤镜

Photoshop的插件中也具备能够对画面图像进行变形处理的滤镜。“挤压”滤镜可以将图像进行几何扭曲、置换、镜头校正等，创建3D或其他整形效果。

▶▶ 软件使用因人而异

Photoshop CS3是一款具备非常丰富功能的图像处理软件，想要熟练掌握所有的功能，对于一个初学者来说十分困难。当然，大多数的时候我们也没有必要使用其所有的功能。我们只要根据自己的需要，掌握足够的功能来实现我们理想中的画面效果就可以了。

放弃“全面掌握这一软件”，而将自己的学习回归到“如何使用软件实现自己的操作目的”上来，反而能够取得更为显著的进步。

第二章 Photoshop Lightroom的基础操作

Photoshop Lightroom是一款专门针对数码摄影作品管理和RAW格式文件显像而开发的软件。它具有很多十分便捷的功能，能够帮助你对照片进行高画质的显像处理，并对大量的照片文件进行高效的管理。这里我们向大家介绍Photoshop Lightroom的基本功能和操作方法。

2-1

启动和模块切换

Adobe Photoshop Lightroom（以下简称Photoshop Lightroom）是一款针对数码相机拍摄的RAW格式文件进行显像和调整处理的软件。与Adobe Photoshop相比，其功能更为专一，针对性强。如果你对Adobe Photoshop的操作已经比较习惯，那么在刚刚接触到Photoshop Lightroom软件时，很可能会因为不适应而造成一定的违和感。下面我们就一起来学习一下其基本操作。

▶▶ Photoshop Lightroom软件的软件启动

在启动Photoshop Lightroom软件时，可以不进行任何的设定就直接打开软件。软件启动后，操作基本界面将显示在你的电脑显示器中。Photoshop Lightroom的基本操作界面被称之为“工作区”，在全屏显示的状态下可以看到，软件的基本操作都在这一区域中展开。

Photoshop Lightroom软件的“工作区”的全屏显示状态。图为打开软件后进入的“图库”组件。

在工作区中包括7个组件，基本包含了软件基本操作的各个方面，这7个功能组件分别为：

图库：进行图片的管理。

修改照片：对图像文件进行“显像”处理。

地图：通过图像文件的GPS定位进行管理。

画册：轻松完成对图像文件进行编排成画册的管理。

幻灯片放映：将照片以幻灯片的形式进行处理。

打印：进行打印的相关设定。

WEB：制作在WEB上进行公开的“WEB画廊”。

Photoshop Lightroom软件的模块切换

如果想要进行相关的功能组件切换，可以直接点击工作区右上角的相关组件名称，或者在“窗口”下拉菜单中选择相关组件名称。

同时，软件中为各个相关组件设定了专用的快捷键，也可以使用快捷键实现切换。如果想要进一步提高自己的处理速度，熟记并使用这些快捷键是一个好方法。

点击“显像”模块名称后，软件便进入到“显像”模块中。

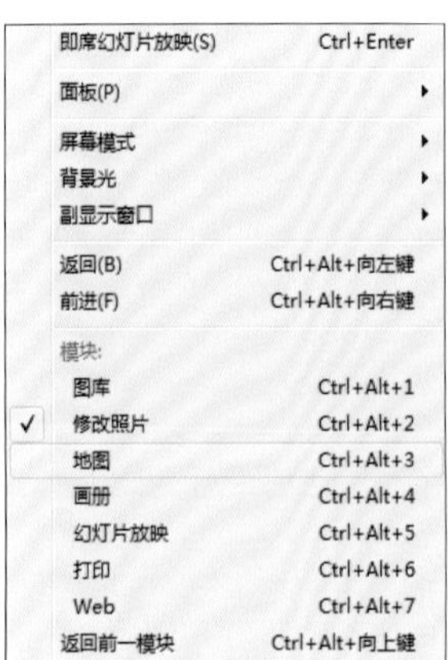

在窗口菜单中也可以实现模块的切换。如果能够熟练地掌握快捷键，那么将进一步提高操作的速度。

| 小贴士 |

与Photoshop中使用工具处理图像不同，Photoshop Lightroom是通过工作模块的切换实现相关处理的。在切换工作模块的同时，图片的显示状态也将发生改变。

▶▶ Photoshop Lightroom软件中各显示面板的切换

在各个功能模块中，工作区的两侧都设置有进行相关设定或预览的面板。另外，在工作区的上方设有模式设置功能，下方有幻灯片放映的选项，这些选项都可以随时进行开关调整。在需要尽可能扩大预览的区域时，可以将所有面板进行关闭。

“图库”模式的画面。如果将四周的面板完全关闭，显示的图片数量会进一步增加。在需要寻找目标照片时这样的方法十分便利。

将上下左右的面板完全打开的状态。通过缩略图对图片进行观察，同时还可以将图片放大为一定的大小或对图片进行添加关键词等相关设定。（后文介绍）。

	即席幻灯片放映(S)	Ctrl+Enter
	面板(P)	▸
	屏幕模式	▸
	背景光	▸
	副显示窗口	▸
	返回(B)	Ctrl+Alt+向左键
	前进(F)	Ctrl+Alt+向右键
	模块:	
✓	图库	Ctrl+Alt+1
	修改照片	Ctrl+Alt+2
	地图	Ctrl+Alt+3
	画册	Ctrl+Alt+4
	幻灯片放映	Ctrl+Alt+5
	打印	Ctrl+Alt+6
	Web	Ctrl+Alt+7
	返回前一模块	Ctrl+Alt+向上键

✓	导航器(G)	Ctrl+Shift+0
	目录(C)	Ctrl+Shift+1
✓	文件夹(2)	Ctrl+Shift+2
	收藏夹(O)	Ctrl+Shift+3
✓	发布服务(P)	Ctrl+Shift+4
✓	直方图(H)	Ctrl+0
✓	快速修改照片(Q)	Ctrl+1
	关键字(K)	Ctrl+2
	关键字列表(3)	Ctrl+3
	元数据(4)	Ctrl+4
	注释(E)	Ctrl+5
	切换两侧面板(S)	Tab
	切换全部面板(A)	Shift+Tab
	显示模块选取器(M)	F5
✓	显示胶片显示窗格(F)	F6
✓	显示左侧模块面板(L)	F7

在窗口菜单的“面板”选项中，也可以对各个面板的开关进行设置。对于各个选项也设置有相应的快捷键，如果使用比较频繁，可以加以记忆。

2-2

Photoshop Lightroom的环境设定

为了能够更加方便地使用Photoshop Lightroom软件，我们需要提前对其进行一定的基本设置。这里我们就来了解一下如何进行这些设定。

▶▶ 环境设定（首选项）5选项

打开“首选项”菜单可以实现Photoshop Lightroom的环境设定，分为5个基本选项，包括：

“常规”设定；

“外部编辑”设定；

“文件管理”设定；

“界面”设定；

“预设”设定。

对这些选项进行逐一的设置并加以确认，可以大幅度提高自己使用软件的效率。

▶▶ “常规”设定的基本原则

这里首先需要进行设定的是“自动更新”选项。选中这一选项后，当Photoshop Lightroom软件出现更新版本的时候，软件将自动进行相关的更新操作，实时为软件添加新的功能。

在“初始化目录”选项中，可以在同时对多个目录文件夹进行管理的时候，对默认打开的目录进行设定。如果每次处理打开的目录不同，可以选择“启动Photoshop Lightroom时显示提示”对话框选项，通过对话框进行选择。

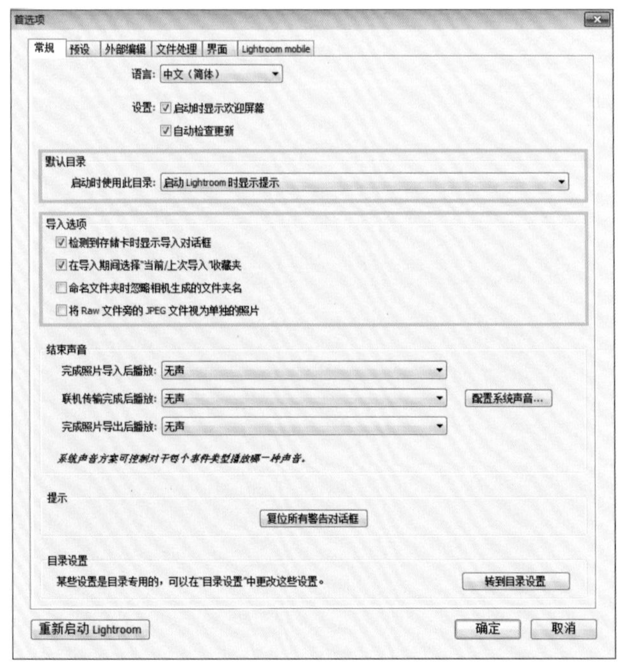

通过“导入选项”可以对照片资料的导入过程进行设定。如果选择“检测到储存卡时打开读取对话框”项目，可以在将相机或存储卡读取器连接到计算机后自动打开导入对话框。如果不是首先通过Photoshop Lightroom对照片图像进行管理，而是直接将其拷贝至硬盘，可以不选择此项。

“将 Raw 文件旁的 JPEG 文件视为单独的照片”选项适用于在相机上拍摄 Raw + JPEG 照片的摄影师，选择此选项可将 JPEG 作为独立的照片导入。如果选择此选项，Raw 文件和 JPEG 文件都可见，且都可以在 Lightroom 中编辑。如果取消选择此选项，Lightroom 会将重复的 JPEG 视为附属文件，显示的 Raw 文件是带有 Raw 文件扩展名 +jpg。

在后文中我们将对这一选项中的“目录”设定进行单独的介绍。

▶▶“外部编辑”设定的基本原则

在这里可以对配合Photoshop Lightroom使用的其他图像加工编辑软件进行设定。如果你的电脑中已经安装了Photoshop软件，软件将在此处自动关联Photoshop的选项选中。

如果你希望对个别的选项进行修改，可以参考对话框右边的相关介绍来完成操作。

“文件格式”选项中，可以根据无法自动读取RAW文件的其他关联软件需要，对图像的格式进行自动的调整。在这里可以进行相关的设定。如果你仅仅选用Photoshop，就不需要进行变更。

“色彩空间”选项中，可以根据转移到目标软件的需要，将照片转换为 sRGB、AdobeRGB 或 Pro Photo RGB 色彩空间，并用颜色配置文件进行标记。当然，对色彩描述档进行事先的设定是一个基本前提。

“分辨率”选项中，考虑到最后印刷质量的要求，可以设置为350dpi左右。分辨率也可以在Photoshop软件中进行设定，这里也可以不进行设置。

一般来说，在Photoshop Lightroom 中设置一个外部编辑机器已经足够了，需要增减外部编辑器时，可以选择“追加外部编辑器”选项进行设置。

可以从 Lightroom 的“图库”或“修改照片”模块中，使用 Adobe Photoshop、Adobe Photoshop Elements 或其他应用。

程序编辑照片。如果计算机上安装了 Photoshop 或 Photoshop Elements 应用程序，Lightroom 会自动使用此应用程序作为外部编辑器。可以在“外部编辑”首选项中指定其他应用程序作为外部编辑器，并设置文件格式和其他选项的“指定外部编辑首选项”。

▶▶ “文件管理”设定的基本原则

可以使用“DNG 导入选项”，可以对软件导入一部分数码相机采用的DNG格式储存的照片时的相关设置进行设定，基本上可以保持默认设定，当你对导入DNG格式文件有特殊需要时，可以在这里进行更改。

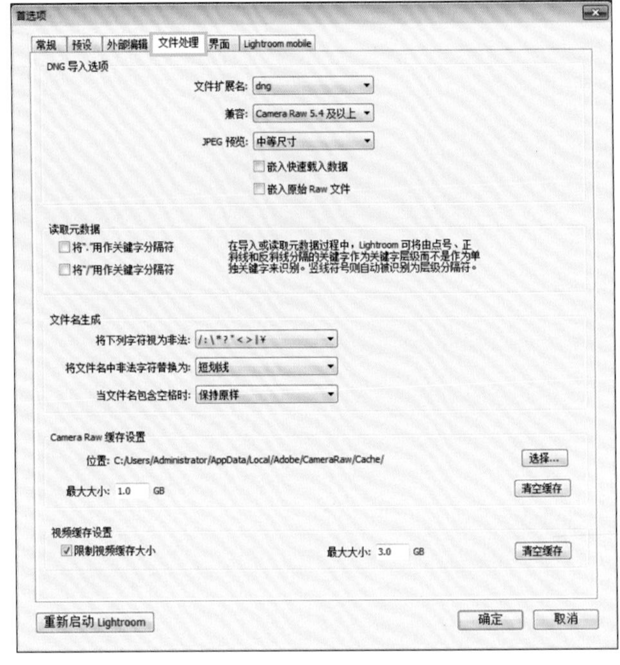

▶▶ “预设”设定的基本原则

在“预设”设定对话框中，包含“幻灯片”和“微调”等选项。可以根据个人喜好，对“面板”“背景光”“背景”等进行相关的设定。

在“幻灯片”设定选项中，一般可以选中所有选项，这样在操作时就更为便利。

选择“双击鼠标显示导航”选项，可以在幻灯片进行观察照片时，使用鼠标打开导航器，对画面进行详细的确认。如果你觉得在现实过程中这一设置会影响观看，可以将其关闭。

可以根据需要，选择在幻灯片中显示相关的旗标、色标和星标等，如果你不喜欢可以选择性地进行关闭。

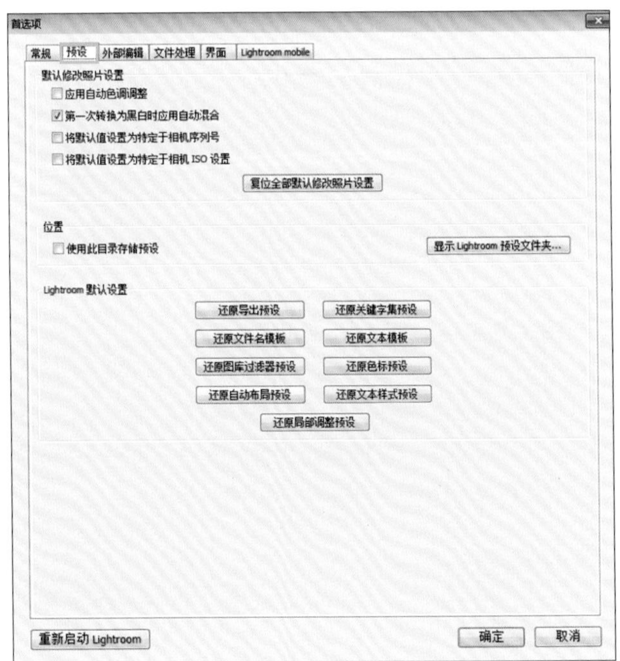

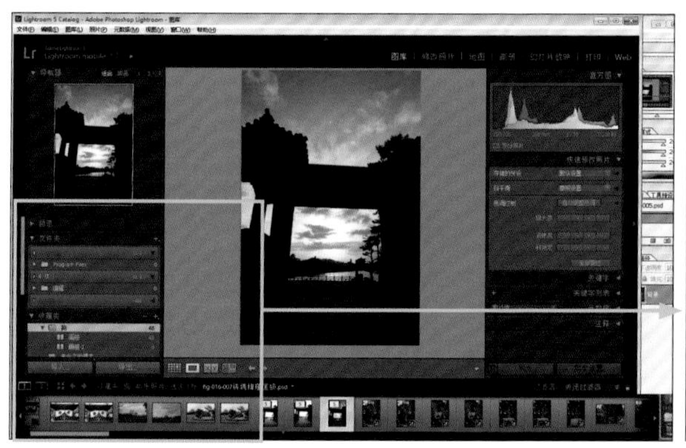

在对文件管理中各种选项进行设定的时候，可以一边对画面进行确认一边调整。

▶▶ “目录”设定的基本原则

这里可以对打开的目录进行相关设定。

在“常规”选项中，首先要选择“备份”选项。

在目录中大量进行图片的读取工作时，难免会因为机器的故障或者操作的失误等原因造成目录文件的丢失，如果预先设定好“备份”选项，可以大幅缩减重新进行目录读取的工作时间。设定好的备份选项可以在对话框中进行查阅，并根据自己读取照片的频次进行设定。

在“文件处理”中，可以对“预览缓存”进行设定。Photoshop Lightroom 的渲染有3种类型的预览：缩览图、屏幕分辨率图像和 1：1 预览。1：1 预览与原始照片具有相同的像素尺寸，可以并显示锐化和减少杂色。

其中最为重要的设置“自动放弃 1：1 预览”。该设置根据最近一次的访问来指定何时放弃 1：1 预览。1：1 预览是根据需要进行渲染，会使目录预览文件变得非常大。我们推荐将其设定为“自动放弃 1：1预览”。

选中“将更改自动写入 XMP 中”选项可将对元数据的更改直接存储到 XMP 附属文件中，因而可以在其他应用程序中显示这些更改。若取消选择该选项，只会将元数据设置存储到目录中。选中这一选项后，能够在Photoshop软件中直接显示出Photoshop Lightroom进行的相关设置，十分便利。

如果你只使用Photoshop Lightroom一种软件进行图像处理和管理，那么可以舍弃这一选项。

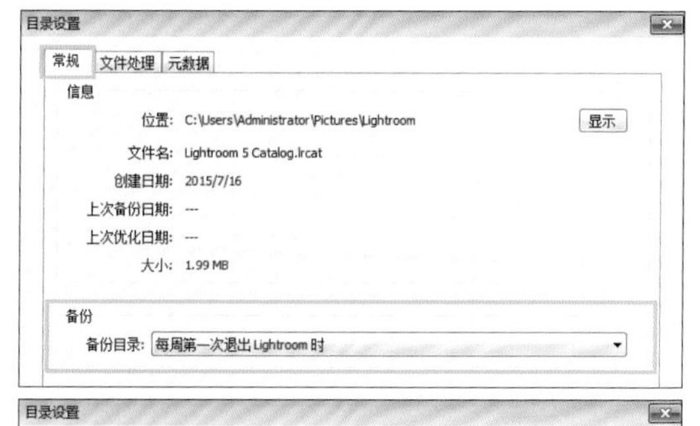

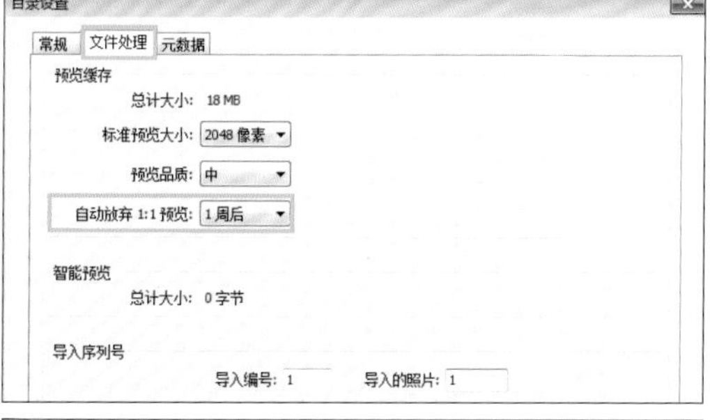

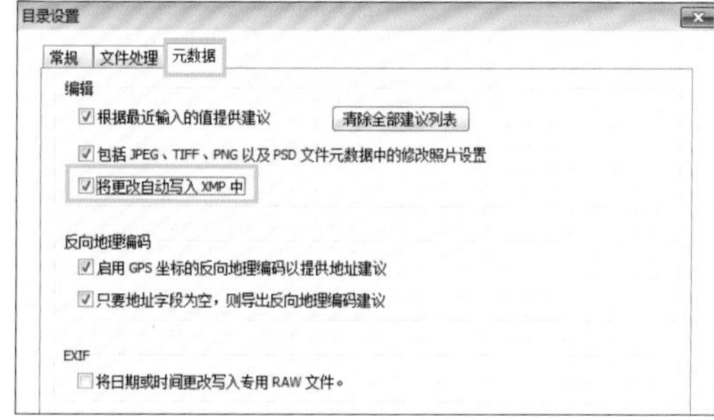

“目录设定”的对话框。为了以防万一，一定要选中“备份”选项作为保障。

2-3

照片文件的读取

在Photoshop Lightroom软件中，除了可以读取包括数码相机所拍摄的RAW格式的文件外，还可以导入包括JPEG、TIFF以及Photoshop（psd）等格式的图像文件，甚至包括动画素材，之后对导入的素材进行相应的处理。

▶▶ 在目录中对图像和文件进行读取

在Photoshop Lightroom软件中，图像文件将通过“目录”进行管理。由于软件中具备了自动将文件处理为“目录”的功能，我们一般不会意识到这一处理形式的存在，这也是这款软件的最大特征之一。

Photoshop Lightroom软件可以直接自动导入的图片格式包括：

可能导入的文件格式

图像、照片	动画
RAW JPEG TIFF Photoshop(psd) DNG	AVI QuickTime(mov) MPEG4(mp4)

点击“图库”组件下方的“读取”选项可以进行文件的导入。在使用该功能之前，可以在“文件”选项中选择“照片导入”选项，这会打开一个对话框，从而对文件的读取位置、保存位置、移动和复制等设定进行调整（下页上图所示）。

之后，Photoshop Lightroom软件便会根据你事先进行的设置，对文件进行处理或在目录中进行文件添加。

在进行文件读取的设置时，可以选择不同的设定实现你想要的操作，如将照片转换为 DNG 格式、将读取的原始文件移动到储存区域（同时删除原本位置的原始文件）、不对原始文件进行复制直接导入为缩略图等。

另外，可以在将图像读取为预览画面时，使用事先设定好的预设项目（下页下图）。

文件读取窗口，左侧为读取位置，中间是读取画面一览，右侧则显示了相关功能和储存位置等信息。上方有目录追加功能，可以对文件的复制和移动等进行设定。

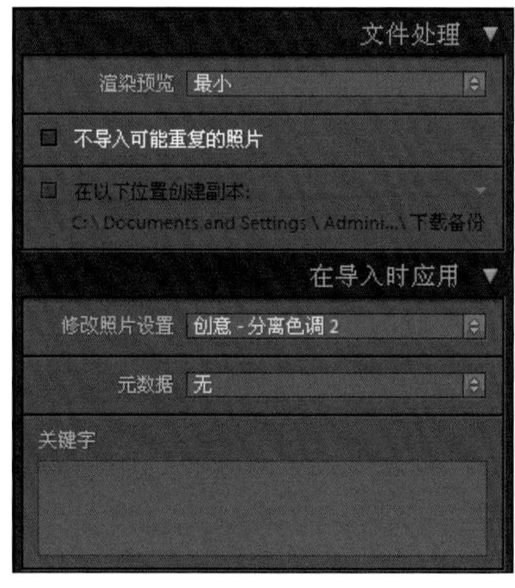

在将图像读取为预览画面时，使用实现设定好的预设项目。

2-4

照片的整理替换

在对照片进行管理的时候，可以根据各种条件进行设置，提高软件检索的效率。Photoshop Lightroom不但是一款专业的RAW显像软件，在对照片进行整理的方面也具有极高的效率。

▶▶ 变更排序

如果想要对照片进行重新的排序，可以选择“视图”菜单中的“排序”选项。Photoshop Lightroom提供了“拍摄时间”“编辑时间”“文件名”“文件类型”（图像或视频文件）等总共12种排序条件，并可以根据需要进行升序或降序的设定。另外，通过图库画面下方的工具栏也可以进行相应的设定。

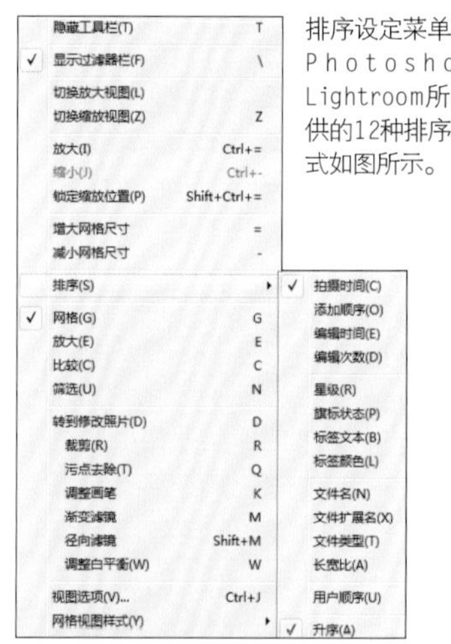

排序设定菜单。Photoshop Lightroom所提供的12种排序方式如图所示。

除了从菜单栏进行选择外，也可以在主窗口下方的工具栏中进行选择和设置。

▶▶ 使用标签和层级功能提高整理效率

Photoshop Lightroom中可以设置黄色、红色、绿色、蓝色、紫色一共5种颜色的等级标志以及0~5星6种等级的星标。

如果导入照片后就尽早对这些标志和等级进行设定，可以根据这些设定更好更高效地实现排序设定。如果设定得当，也可以大幅提高检索照片的效率。

如果想要对照片的色彩等级进行设定，可以在选中照片后通过“照片”菜单的“设置色标”进行设定。

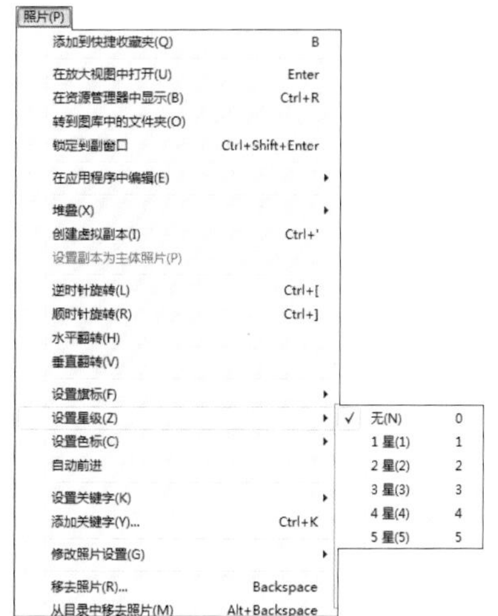

星级设定也相似，在照片选择状态下选择“照片”菜单的“设置星级”进行设定。

如图所示，带有星级或者色标的照片将会在图库视图中带有相应的颜色或星级标志，一眼就可以分辨出。

2-5

照片的放大操作

Photoshop Lightroom软件中的“图库”功能，除了能够对照片进行详细高效的管理外，还能够对照片的构图和曝光，甚至更多的细节问题进行尽早的确认。

▶▶ 使用缩放工具进行图片放大

在检索后找到需要选择的照片，有时候我们需要对画面的细节部分进行查看和确认。如果你认为在导航器中查看仍然不能满足你对照片的确认需求，就要使用“缩放”中的放大镜工具对画面进行放大处理了。对你想要放大的图片进行双击，预览模式的图片便进入到放大模式，然后就可以使用缩放工具进行图片的放大了。

在使用缩放工具的时候，鼠标的指针会变化为放大镜的样子。用放大镜的光标单击图像的任何位置，可以将图片以单击的位置为中心放大至100%（1：1）的比例。

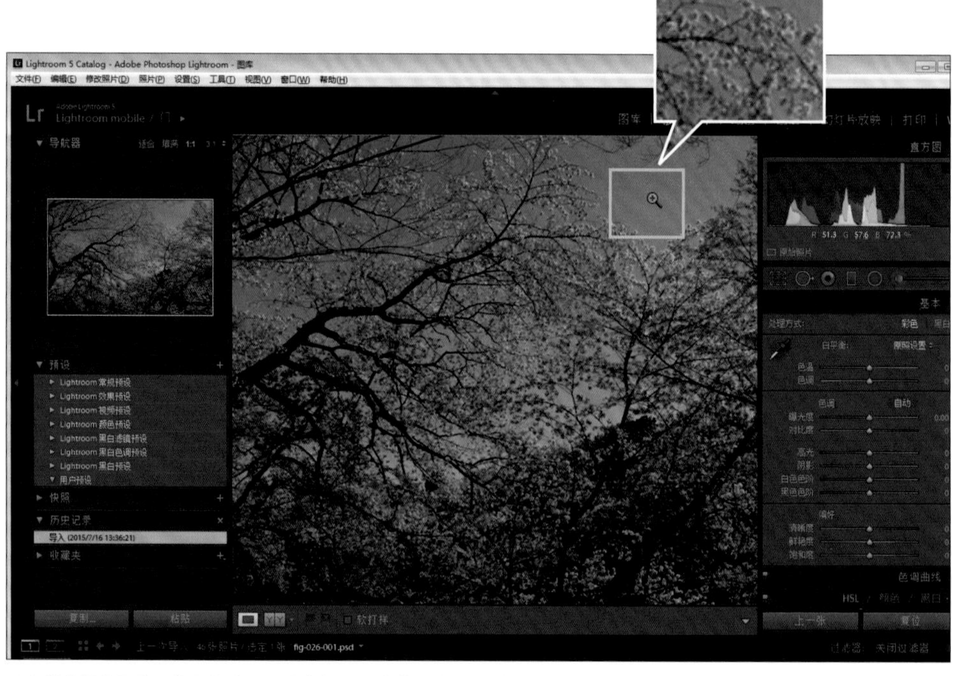

双击所选择的照片，使用缩放工具对选中的照片进行放大查看。

将上下左右的面板进行隐藏，也可以在一定程度上对图像进行放大。

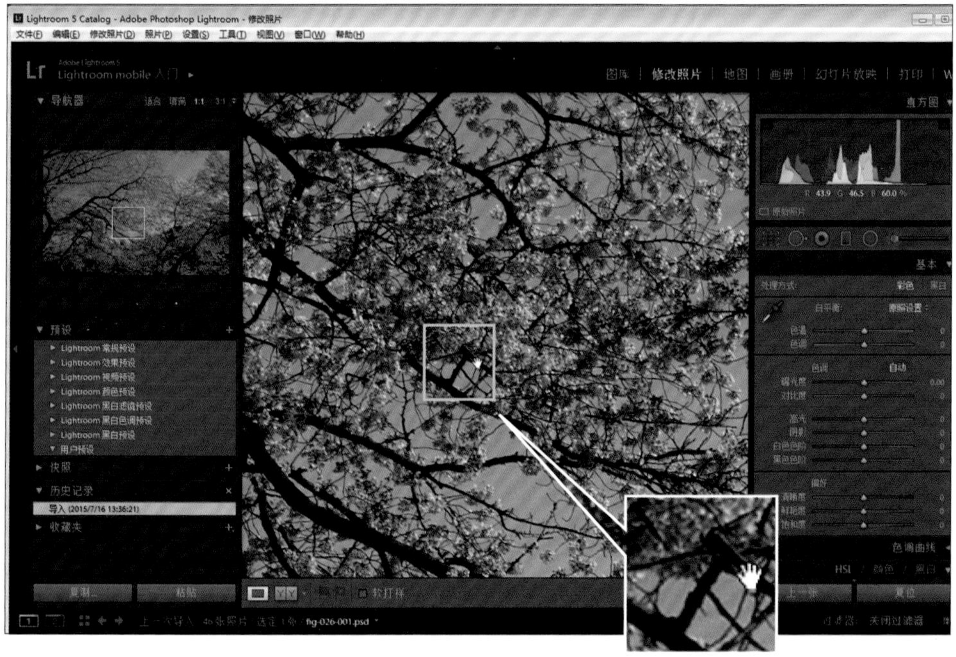

在放大镜的光标出现后，单击图像的任何位置，可以将图片以单击的位置为中心放大至100%（1：1）的比例。在图片放大后，鼠标的光标将会变成手掌的形状，可以通过拉拽对图片的其他位置进行查看。当再次点击图像后，图像将恢复到全图显示的状态。

▶▶ 在放大状态下显示下一张照片

与使用导航器显示的网格模式不同，在放大模式下只能够显示单幅照片。在这时，可以使用快捷键实现图片的前后翻阅。

左箭头：显示前一张照片。

右箭头：显示后一张照片。

如此一来，我们不但可以对单张照片进行放大审查，甚至可以连续查看多张照片。

如果我们无法在“图库”模式中将需要进行放大处理的照片放在相邻的位置，还可以利用“幻灯片”模式，在此模式下进行查看。

在进入缩放模式之后，我们可以通过“视窗”选项>“面板”>“显示幻灯片”功能在视图的下部显示出幻灯片面板，在其中进行照片的选择和查看。

▶▶ 缩略图的放大和缩小

与使用缩放工具进行照片逐一放大不同，在缩略图视图中，我们还可以通过调节缩略图的大小来批量实现照片的缩放。

在缩略图模式下方的工具栏的右下角有一个调节滑块，可以通过拖拽这个滑块实现缩略图的放大与缩小。向右拖拽为放大，反之为缩小，可以根据操作需要进行调节。

这是，如果将暂时不需要使用的面板进行隐藏，可以尽可能地放大照片的展示区域，缩略图的缩放比也就可以进一步增大。

隐藏右侧面板以进一步扩大缩略图的缩放范围。通过这样的放大，可以在一定程度上对照片缩略图的细节进行比较和观察。

第二章

2-6

照片的拾取和删除

使用Photoshop Lightroom软件中的“图库”功能还能够实现对需要处理的照片进行选取，或者对不需要留存的照片进行删除的功能。及时对不需要的照片进行删除，能够尽可能的减少硬盘的储存空间。

▶▶ 在照片上添加旗标

在拍摄大量风景照片后，我们需要对构图与曝光不尽相同的照片进行筛选，确定一个首选的照片，以便在今后搜索照片的时候能够迅速的找到，这时我们就需要用到增加旗标的功能了。

这是一种在照片上带有旗帜标志后便于在并排展示的一组相似照片中迅速的找到目标照片的方法。

在旗标中，除了普通的旗帜标志外，还有一种表示“消除”的旗帜。在我们所选中的照片中放置常规的旗标，可以在对其进行备份后直接批量选择进入处理模式。而对我们不满意的照片，可以通过设置消除旗标，实现一次性的删除，十分方便。

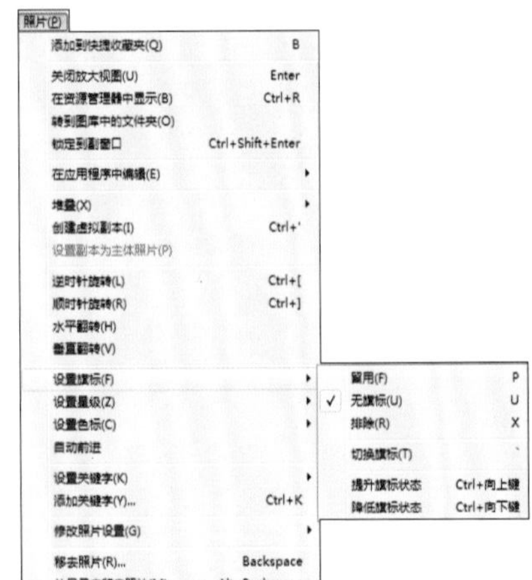

可以通过“照片”选项中的“设置旗标”进行设置。除了常规旗标外，还可以设置带有叉号的删除旗标。

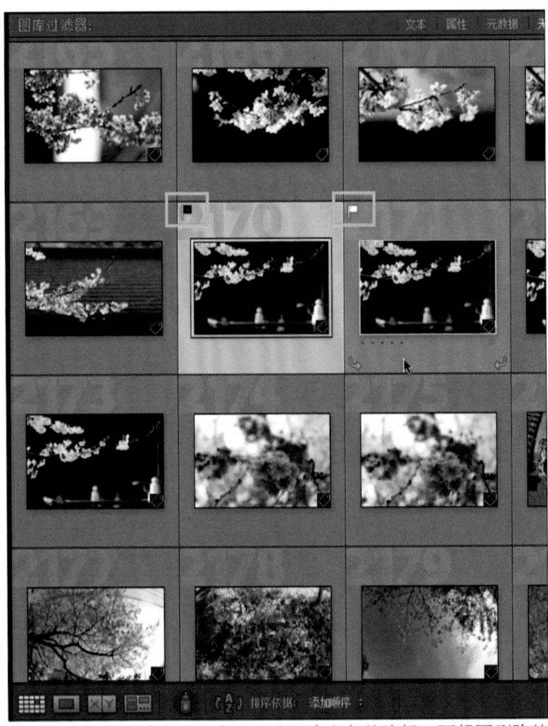

常规的旗标在图片的左上角显示为一个白色的旗帜，而想要删除的照片则在左上角有个黑色的带有叉号的删除旗标。

▶▶ 照片的删除操作

在图库模式中删除照片的方式有两种：

1. 从目录中删除。

仅仅在图库中将照片进行删除，原始文件将仍然保存在硬盘中。

2. 删除照片。

在图库模式中删除图片的同时，原始文件也将被移动到“回收站”中。

如果照片无需使用Photoshop Lightroom软件进行管理，可以通过“从目录中删除”选项进行操作；而“删除照片”选项则是直接对那些在拍摄时出现曝光或失焦等问题的照片移动到回收站。

删除操作本身十分简单，只要在“照片”选单中，选择“从目录中删除”或“删除照片”项目进行操作即可。

使用快捷键可以更加高效地进行删除操作。当操作者点击“DELETE”键的时候，将出现一个对话框，可供操作者对“删除”（等同于“从目录中删除”）“从硬盘上删除”（等同于“删除照片”）两项进行选择。

使用“从硬盘上删除”或“删除照片”选项进行照片的删除操作时，其实仅仅是将照片移动到计算机的回收站中，如果想要进行永久性的删除，需要对回收站进行清理。

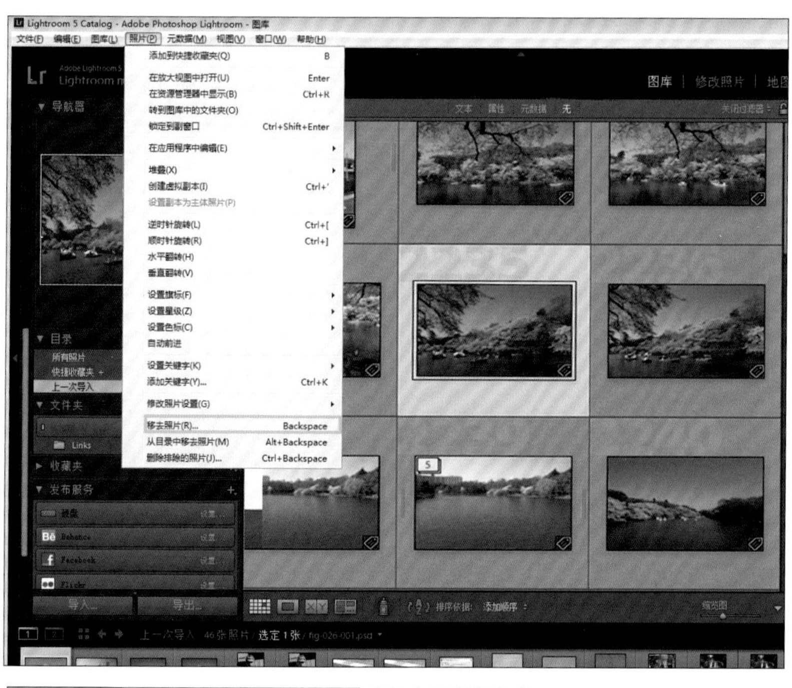

需要对照片进行删除的时候，可以在选中目标照片的情况下，选择“从目录中删除”或“删除照片”项目进行操作即可。

确认
从磁盘中删除还是仅从 Lightroom 中移去选定的主体照片？
删除功能是将文件从 Lightroom 中移去，并将其移到资源管理器的回收站中。
从磁盘删除(D) 移去(R) 取消

在选中目标照片的情况下点击键，将打开图中的对话框，在对话框中也可以实现照片的删除操作。

小贴士

在Photoshop Lightroom中进行删除操作的时候，可以选择“从目录中删除”以及“删除照片”两个截然不同的操作项目，一定要加以注意。

2-7

照片的旋转和反转

由于使用数码相机拍摄的照片的构图不同，有时图像为纵向，有时则为横向。由于在Photoshop Lightroom软件的“图库”中对照片默认为横向放置，所以对于那些纵向构图的照片来说，首先需要对其进行相应的调整，在旋转至正确位置后再进行浏览和处理。

▶▶ 旋转照片

在如今的大多数数码相机所拍摄的照片文件中都包含可交换图像格式 (EXIF) 数据，其中就有方向元数据，在Photoshop Lightroom软件中，导入到目录中的照片可自动旋转。但是，对于使用不具备这一功能的数码相机所拍摄的照片或通过扫描仪扫描胶片相片而得来的图像文件，则需要通过手动旋转照片。

在放大视图、比较视图或筛选视图中，选择“照片”>“逆时针旋转”或“顺时针旋转”可旋转照片。照片将以每次90°的角度进行旋转，不论以横竖何种视角拍摄的照片都可以按照意图进行正确的旋转。

如果需要对照片进行旋转，可选择“照片”>“逆时针旋转”或“顺时针旋转”，可按照90°的角度旋转照片。

▶▶ 翻转照片

在Photoshop Lightroom软件中可以实现对图片的左右或者上下倒置。与处理旋转时候相似，可以从“照片”菜单选择以下选项之一：水平翻转使照片沿着垂直轴水平翻转、垂直翻转使照片沿着水平轴垂直翻转。

左右翻转的情况（上）与上下翻转的情况（下）。

2-8

目录的制作

Photoshop Lightroom软件按照“目录”对照片实现管理。这里我们来学习如何简单地制作出一个目录，并实现同时管理多个目录的相关操作。

▶▶ 创建一个新的“目录”

创建目录时，可以选择“文件”>“新建目录”进行操作，这时会打开一个名为“新建一个包含目录的文件夹”的对话框。在为目标文件夹命名后，将其保存于一个位置，这样就完成了新的目录文件夹的创建。

由于可以同时建立多个“目录”文件夹，可以根据自己的习惯，按照照片的类型或拍摄时间、拍摄场合等对目录文件进行分类创建。当然，也可以将所有的图像文件保存在一个目录中加以管理。但是，将大量文件制成一个目录，将大大增加浏览和查找图片的时间，对其进行一定程度的分类是十分必要的。

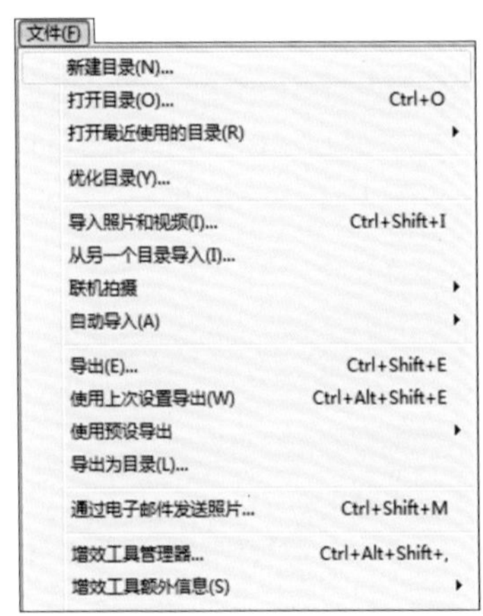

创建目录时，可以选择“文件”>“新建目录”完成操作。

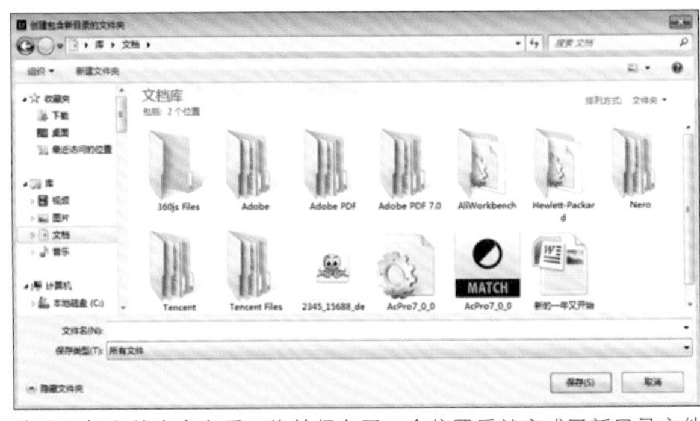

在为目标文件夹命名后，将其保存于一个位置后就完成了新目录文件夹的创建。

▶▶ 分别管理多个“目录”

如果要同时管理多个目录文件，在打开Photoshop Lightroom软件的时候会打开哪个目录文件夹呢？这需要通过“预设”进行相关的环境设定。

在默认情况下，Photoshop Lightroom在启动时会打开上一次使用的目录。可以将此默认设置更改为打开其他的目录或始终提示您选择目录。如果要启动默认目录文件进行替换，可以通过“文件”>“打开目录”，在打开的对话框中选择希望打开的目录文件，完成操作。当再次打开Photoshop Lightroom软件的时候，将按照你的选择首先打开所选目录。

选择“常规”中的“默认目录”选项，打开“启动时使用此目录”进行相关设定，可选择“启动Lightroom时显示提示”这一项。

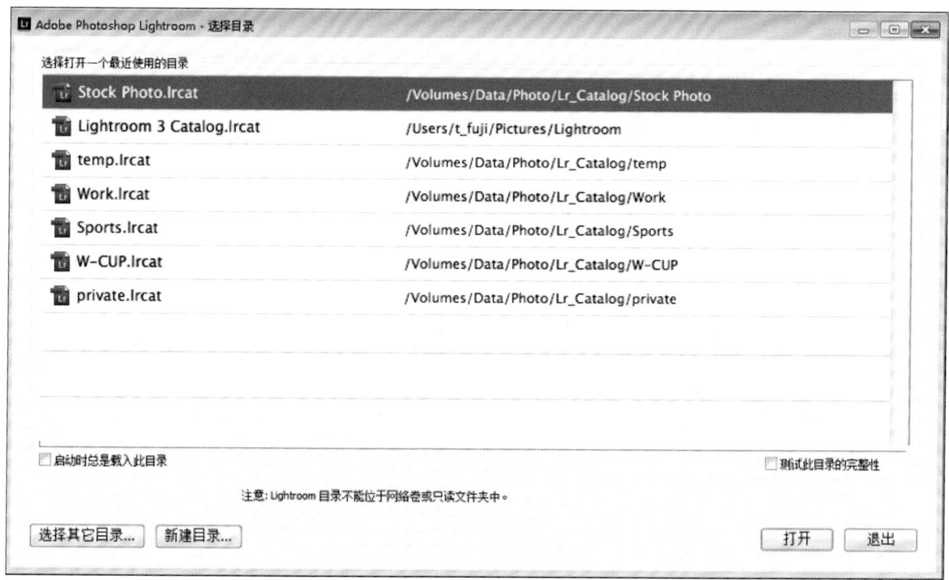

上图就是进行设定后，Photoshop Lightroom打开时所显示的对话框，可以在此对需要处理的目录文件夹进行选择。

第二章

▶▶ 在处理中切换“目录”

如果想要在处理过程中对目录进行切换，可以通过选择“文件”>“打开目录”进行选择。在“打开目录”对话框中指定目录文件，然后单击“打开”。也可从“文件”>“打开最近使用的目录”菜单中选择一个目录。

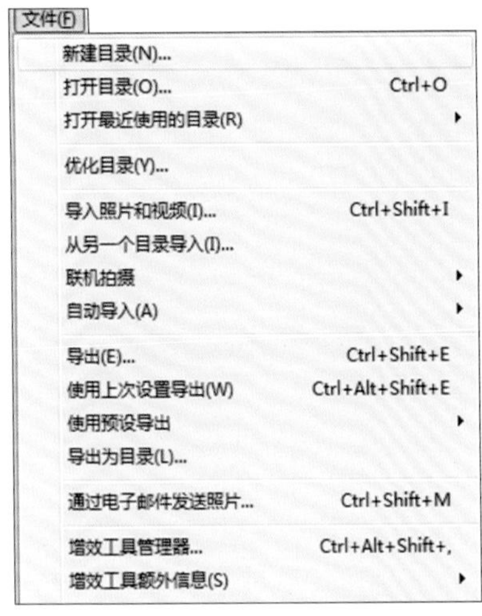

如果想要在处理过程中对目录进行切换，可以通过选择“文件”>“打开目录”进行选择。

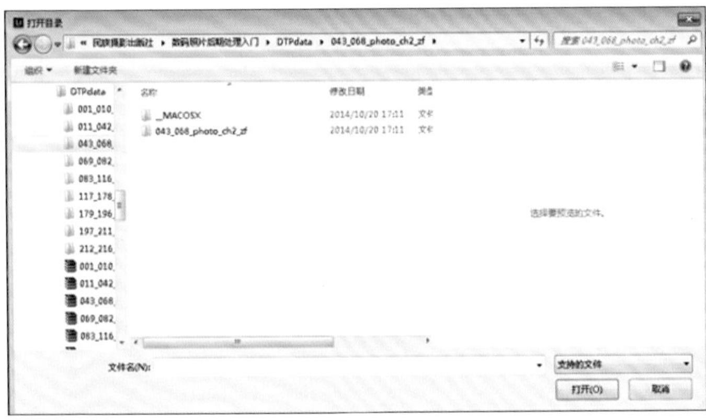

在打开“打开目录”对话框后，找到目标目录存放的位置，然后进行选择。

| 小贴士 |

Photoshop Lightroom目录中所读取的文件并不是原始图片文件，所以同时读取大量的图片文件也不会令目录文件的所占空间过大。

Photoshop Lightroom能够在缓存情况下对文件进行预览

Photoshop Lightroom中可以实现对预览文件的缓存，在断开储存原始文件的储存介质或者电脑后，仍然能够对图像文件进行预览。

在无法找到原始文件的情况下，在Photoshop Lightroom软件中打开一个图像目录时，预览图的右上方将会出现一个带有“？”标志的图标，在使用放大镜工具打开文件时，会出现“文件资料断开连接无法找到”的提示，但我们仍然能够对其进行浏览。

如何提高Photoshop Lightroom的运行速度

在所有的图像管理软件中，Photoshop Lightroom无疑是一款运转速度很快的高效处理软件。但是，在读取大量的图像文件时，仍然会造成一定的速度下降，这主要是受到大量图像读取而产生的问题。而在完成图像读取后对图像进行显像作业的时候，这一问题就不太明显。在进行文件预览时，希望能够进行较为平稳的处理。

解决这一问题的方法之一是使用高速储存介质来对图像资料和目录文件进行储存。这样可以大幅缩减文件的读取时间。MACBOOK AIR所采用的SSD就是一种高速储存介质，能够很大程度上提高文件提取处理的效率。但是，一般SSD的价格普遍较高，对于普通用户来说难以大量地进行购买。

另一个有效的解决办法就是适当减少图片目录的读取数量。可以按照不同的图像格式对文件进行读取，并且将每一个目录中的图片控制在较少的范围内。这样对于软件的运行速度能够进行一定的提升。

如果在资金充裕的情况下，可以选择购买运转速度较快的电脑作为处理图片的机器，并且在图片处理时采取高速的储存介质加以储存。

第三章

RAW照片处理

数码单反相机可以通过单镜头反光技术在感光元件上直接将图像记录为RAW格式的文件。怎样理解这种格式？RAW与常见的JPEG格式文件最大的差别是什么？它有着怎样的优势？这一章我们将详细为大家介绍这些问题。通过学习，相信本来对这种格式敬而远之的人也可以自由地对其加以运用。

3-1

RAW文件的处理方法

RAW文件是一种能够完全保存着数码相机摄像元件所收集的所有感光元素最原始的文件素材。那么，如何对RAW文件进行处理呢?

▶▶ 首先要使用显像软件对其进行显像处理

RAW文件在MAC OS和WINDOWS上也可以直接使用自带的软件进行浏览。但与JPEG等常用的文件形式相比，RAW无法直接实现WEB浏览。这是因为RAW文件是一种直接储存着相机摄像元件所收集的所有感光元素最原始的文件素材。如果想要把RAW文件转换为一般的图像文件形式，需要使用一种被称为显像软件的专业工具来实现，这一过程叫做显像。在这个过程中，对画面的感光度、色调、明度等可以按照自己的需要进行统一的调整。其最大的优点是，可以在保证画面画质不损失的情况下进行修正，甚至是大规模的图像修复和修改工作。

如下面的图标所示，RAW文件是一种在相机内部不经过数字处理而直接对素材进行保存的文件，这种文件可以在PC上进行显像处理。根据使用者的需求可以任意进行精细化的调节，以获得与自己理想中的画面更接近的作品。

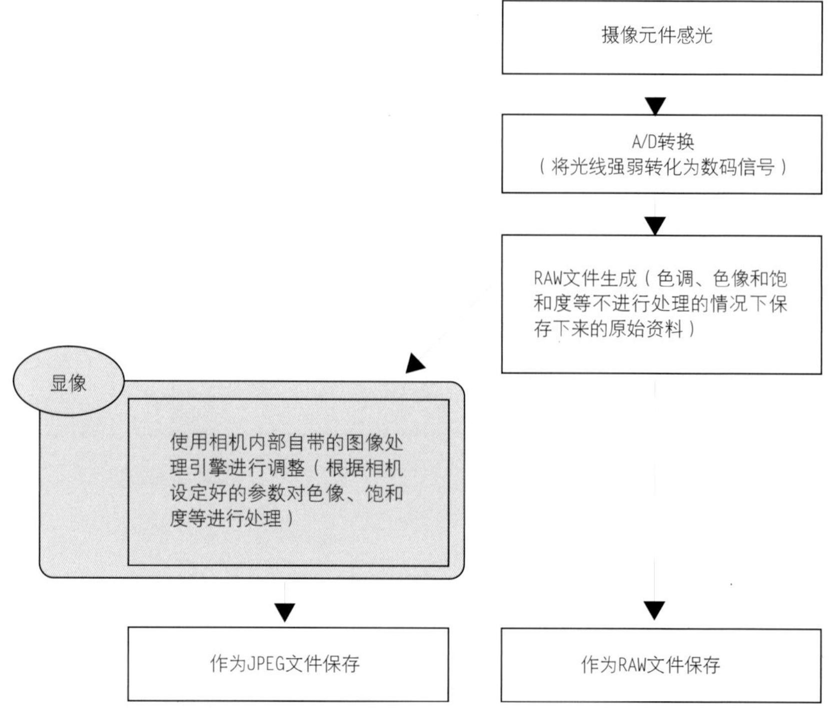

▶▶ 其最大的优点是进行参数调整后不会使画质降低

RAW文件与普通的JPEG文件相比，需要经过显像处理才能够形成被浏览的状态，显然复杂的多。但是，RAW文件能够更好地实现画面的处理，使拍摄出的画面接近于自己的拍摄意图。

但是，现在我们也可以通过后期处理的方式对JPEG格式的文件进行修正和渲染，以达到理想中的效果。那么，RAW文件还有存在的必要吗?

与一般文件的后期处理相比，RAW文件有哪些优势呢?

其最大的不同点在于能够最大程度地减少画质的损失。

JPEG等常用的图像文件形式在后期处理的过程中，随着反复的处理和保存、加工，会逐渐对画质造成越来越多的损失。而对RAW文件进行显像可以在其生成普通的图像文件前进行参数调整，有效地避免画质的损失。所以，可以说RAW文件形式是一种能够有效地制作出高画质的图像文件的格式。

当然，即使是RAW文件，也无法对画面质量进行无限制的调整。但只要不进行过度的后期处理，就可以在很大程度上避免画质的损失。同时，对于摄影过程中不小心造成的小瑕疵，RAW文件也可以进行极为简便的修正，这也使其优点之一。

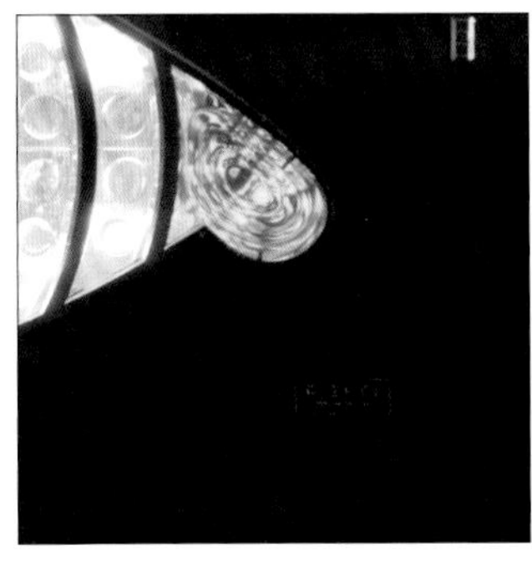

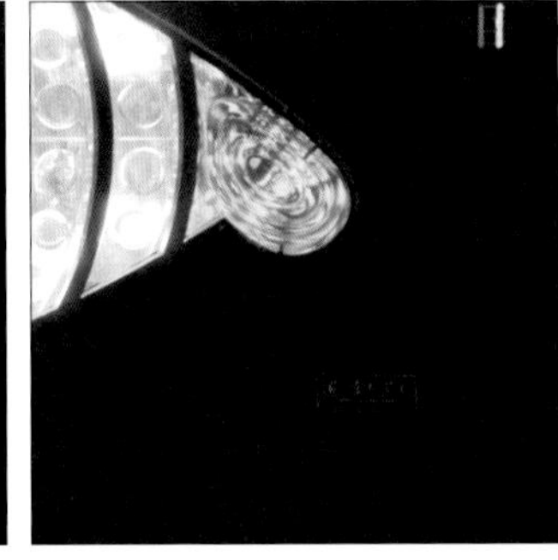

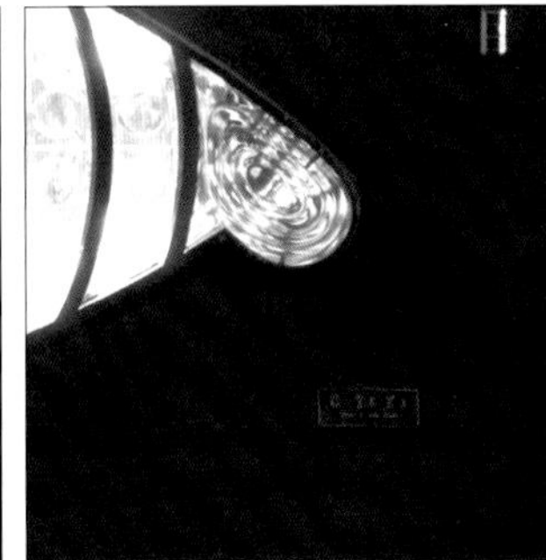

下面我们来比较一下RAW文件显像后生成的文件与JPEG文件经过后期处理得到的图像在画质上的差别。

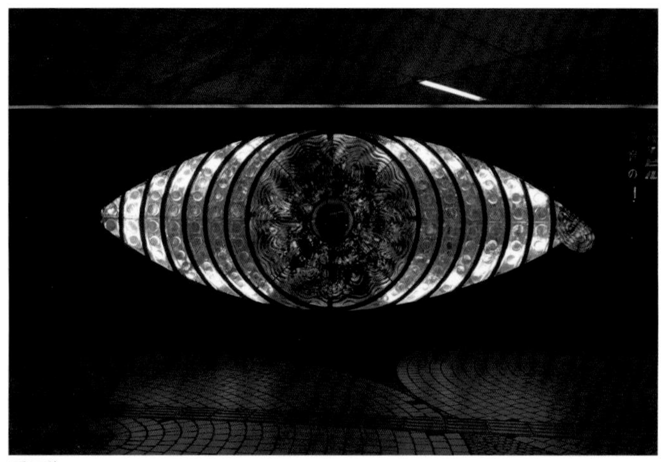

原图像。

RAW格式文件显像后的图像

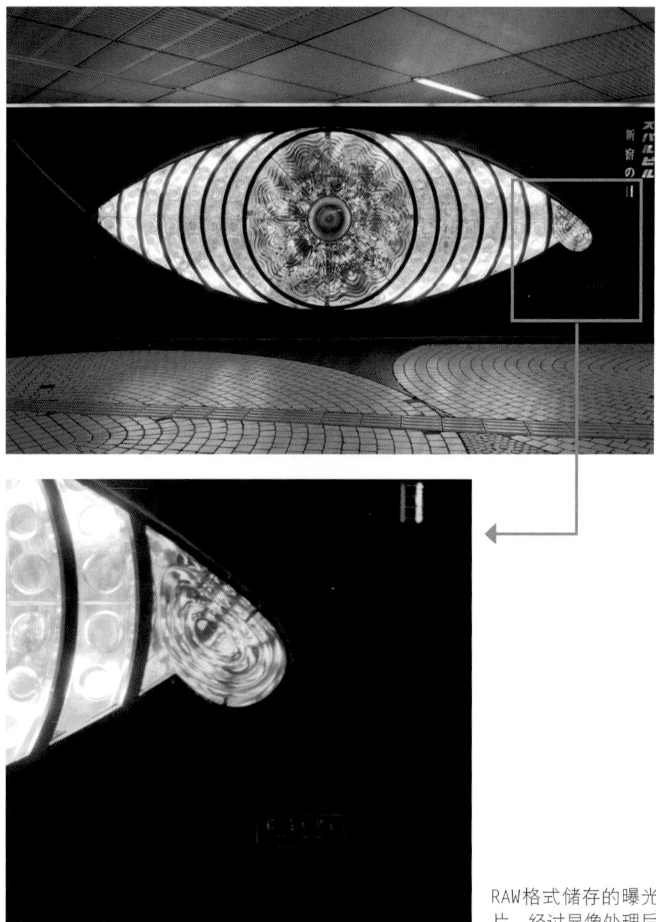

RAW格式储存的曝光不足情况下拍摄的照片，经过显像处理后，得到的图像。

JPEG文件后期处理得到的图像

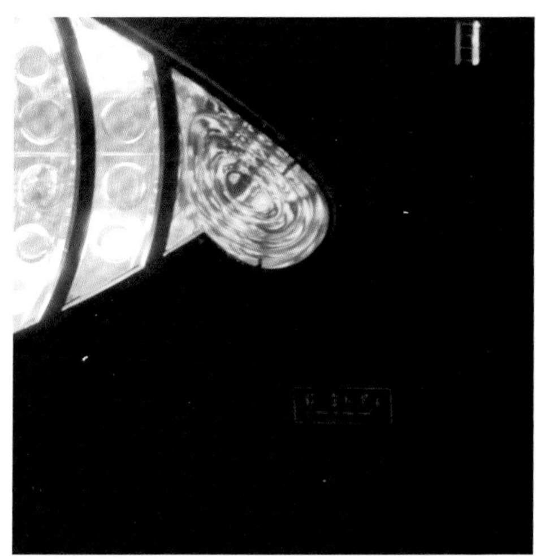

摄影时通过 JPEG格式保存的文件（左）以及经过Photoshop cs5后期处理得到的文件（右）。

对画面的一部分进行放大后可以明显看出，通过RAW文件显像后得到的图像细节部分更加清晰。另外，RAW文件还可以实现亮部的参数调节，十分便利。

3-2

Photoshop Lightroom的RAW文件显像工作流程

Photoshop Lightroom是一款能够对图像文件进行管理，并对RAW文件进行显像处理的软件。下面我们来学习一下它的基本操作流程。

选择照片

首先选择需要进行显像处理的照片，通过图库模块对从目录中读取的照片进行浏览，找出需要处理的照片，单击进入选择状态。

对显像图片进行选择。带有白框的图片为我们所选择的图片。

打开修改照片模块

窗口上方面板中选择修改照片一栏，打开修改照片模块。也可以在窗口菜单中选择修改照片。

修改照片模块的效果如图所示。

窗口(W)	
即席幻灯片放映(S)	Ctrl+Enter
面板(P)	▸
屏幕模式	▸
背景光	▸
副显示窗口	▸
返回(B)	Ctrl+Alt+向左键
前进(F)	Ctrl+Alt+向右键
模块:	
图库	Ctrl+Alt+1
✓ 修改照片	Ctrl+Alt+2
地图	Ctrl+Alt+3
画册	Ctrl+Alt+4
幻灯片放映	Ctrl+Alt+5

各模块也可通过快捷键切换选择。

3

调整照片整体的曝光度

显像作业的第一步是对画面的曝光度进行调整。在确定画面整体的曝光度后，色调等相关参数也得到了确定。通过Photoshop Lightroom右侧面板中的曝光度调整整体明度。

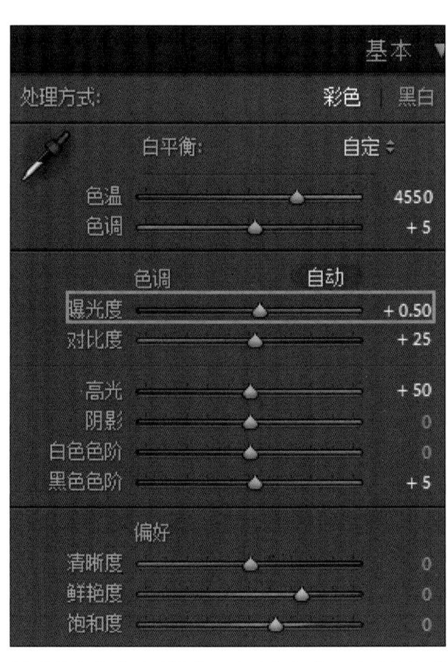

通过曝光度选项对整体明度进行调整，向右侧调整画面更亮，向左侧调整画面更暗。

4 调整亮部和暗部的曝光度

在对照片整体的曝光度进行调整之后，接下来要处理的是亮部和暗部的感光度。

如果亮部曝光过度造成色彩层次的损失，要通过曝光度调整中的“高光”和“白色色阶”选项进行调整。而暗部画质缺失的情况下，要通过“阴影”和“黑色色阶”选项加以调整。

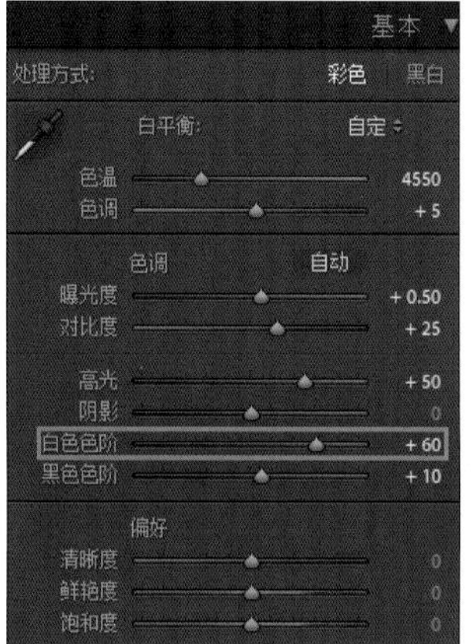

“白色色阶”选项能增加亮部的层次感，而“黑色色阶”则增加暗部的层次感。

5 调整照片黑暗度

对于需要强调黑暗度的部分，使用“黑度色阶”调节选项进行加深。

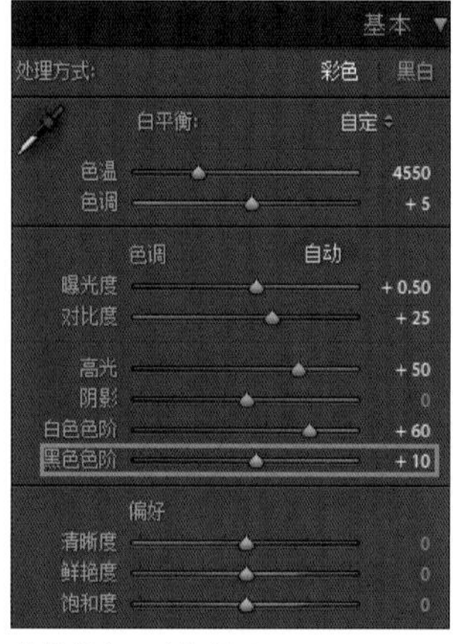

数值越大，暗部越明显。

6 调整饱和度

在确定曝光度之后对饱和度进行调整，从外观选项中选择“饱和度”选项，在保持自然状态的前提下增加照片的鲜明程度。

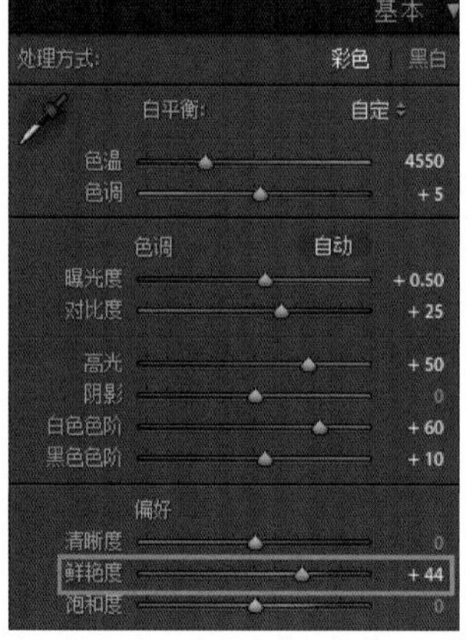

在“饱和度”选项中进行操作，即使进行大范围的调整也不会使画面出现不自然的情况。

对特定的颜色进行调整

如果想要得到“绿叶的颜色更绿、蓝天的颜色更蓝”的效果，需要对特定的颜色进行调整。

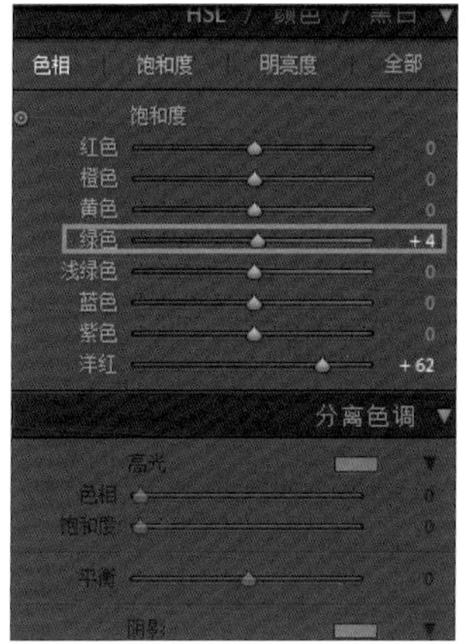

需要改变画面色调的时候，可以利用“hsl\色相”工具来实现调整。

---

8 调整锐度

通过参数设定“数量”“半径”“阈值”，以决定像素被视作边缘像素进行滤镜锐化时与周围区域必须有大多的区别，通过这3个选项可以进行详细调整。通过锐度调节，能够使画面的边缘更加清晰，在需要对画面边缘和细节进行强调的情况下，可以尝试该操作。

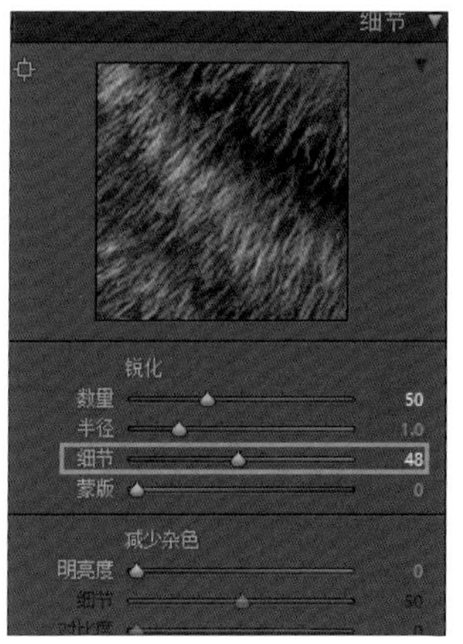

锐度调整与Photoshop相比可以进行更加细致的设定。

9 文档输出

在完成一个项目的调整后，可以将图片作为普通的文件格式加以输出。在文件菜单的导出选项中，可以调出输出对话框。在对话框中可以对文件保存的位置、文件名、文件格式、图像大小等进行设定，完成后点击导出键完成操作。

照片输出时可以对文件形式和图像大小等进行详细设定。这些设定可以作为预设进行保存。对于常用的设定，可以根据自己的习惯命名后保存起来。

| 小贴士 |

倾斜、污点、红眼修正。

Photoshop Lightroom可以在完成显像的同时，对画面的倾斜、污点、红眼进行修正。在显像模式的右侧面板中，波形图下面有对这些问题进行处理的选项。可以根据要求进行选择后，一步到位进行处理。其操作过程十分简便，可以为后期处理节省大量的时间。

进行角度补正的操作情况如图所示，这一选项可以调整倾斜的画面。

| 小贴士 |

配置文件校正

在显像模式中，有一个名为“镜头校正”的选项，其中，可以选择采取“镜头配置文件”对相机镜头所造成的扭曲和偏色等问题进行自动校正（自动校正应用于软件预先储存好的相关型号镜头），也可以进行手动调节。

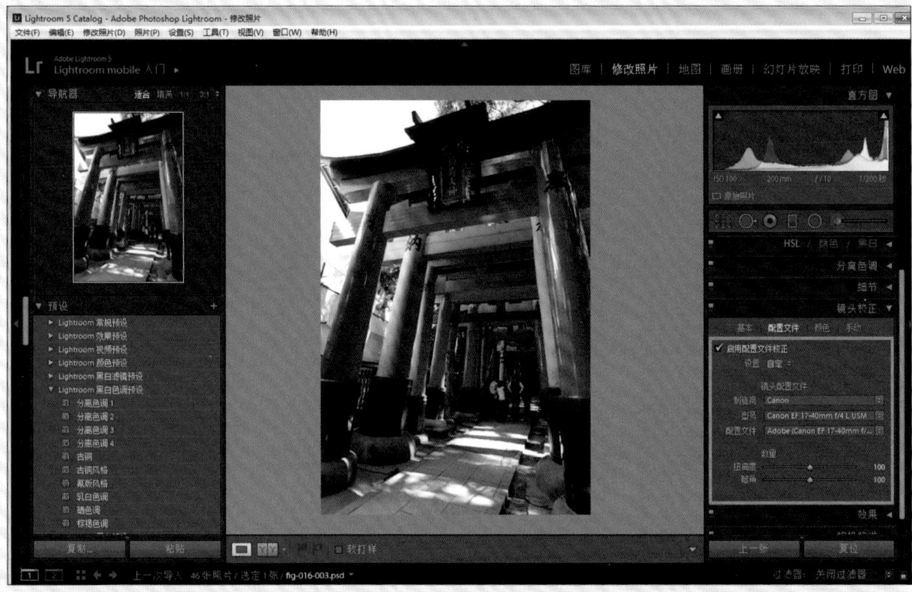

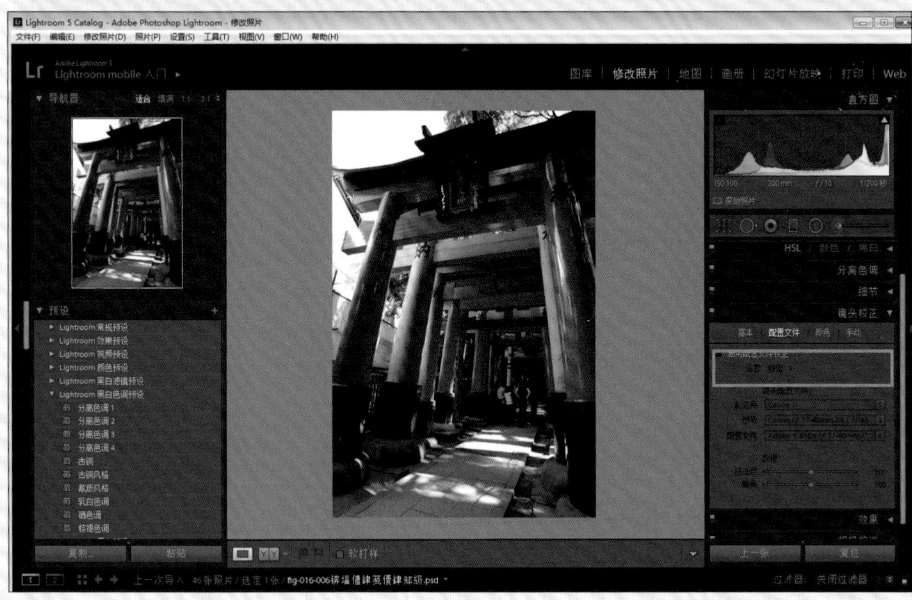

使用“镜头配置文件”校正处理后的画面（上图）与处理前的画面（下图）。画面中拍摄景物的扭曲感被有效的矫正，通过设置可以对它进行自动处理。

3-3

参数调整案例：

人物肖像摄影

人物肖像摄影，特别是以女性为拍摄对象的肖像摄影，其后期处理中最关键的就是强调肌肤的透明度和健康的肤色。为此，甚至可以牺牲周围环境的曝光度，对不必要的景物细节大胆的舍弃。这次我们要处理的照片在曝光上并没有大的失误，但由于脸部有较重的阴影，令人感觉不够明快。

1 调整曝光度。

为了使脸部色彩更加鲜明，适当地增加曝光量，将“曝光度”值设置为“+1”。

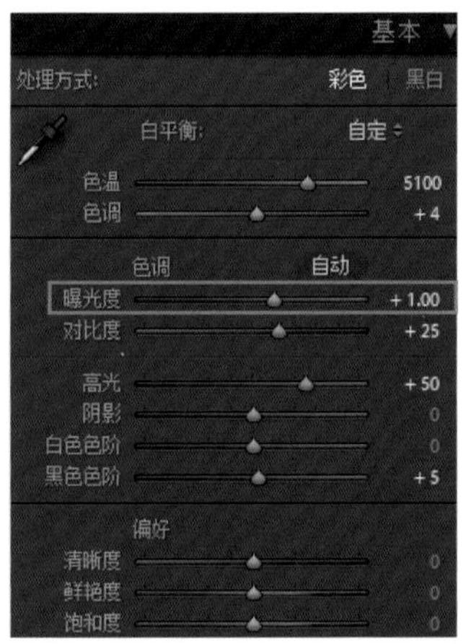

2 接着我们会发现，由于我们的调整，使画面亮部出现了过曝的现象。于是，要通过“白色色阶”选项进行调整，将其数值设置为“+100”。

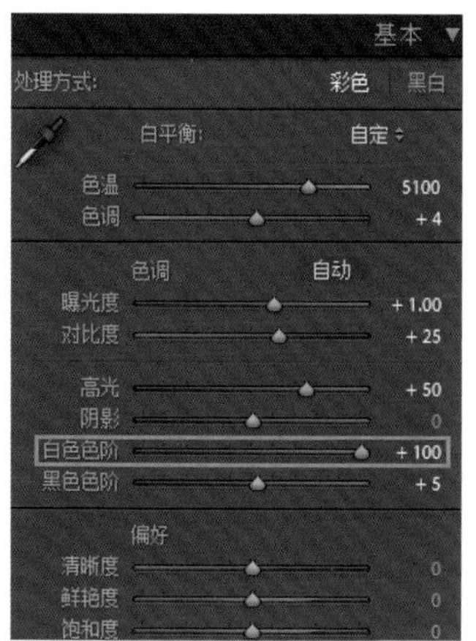

3 由于感觉暗部也过于明亮，通过“黑色色阶”选项进行稍许调整，将数值设置为“+7”。

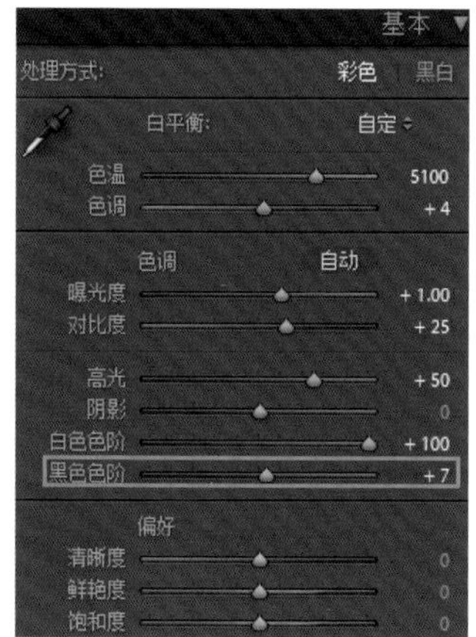

4 为了给肌肤增添健康的血色，要在肤色上增加一些红色。使用“白平衡”选项中“色调”工具，将其数值设置为“+19”，画面便增加了稍许的红色。由于过度进行偏色调整会使画面失去真实感，在此仅仅为画面中的皮肤增加稍许血色即可，切忌处理过当。

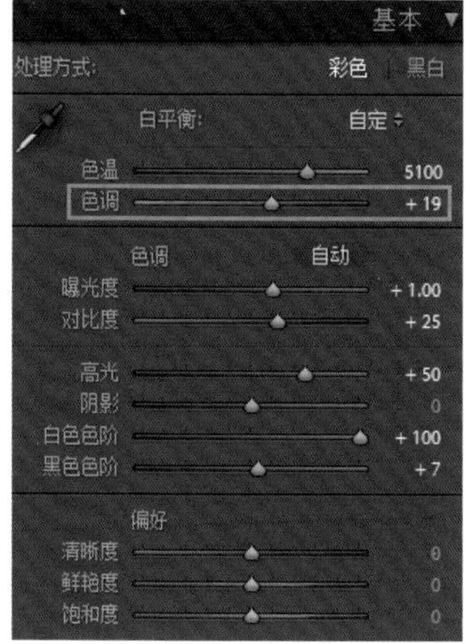

4-4

参数调整案例：

风景（自然）摄影

在风景（自然）摄影中很多时候我们都希望风景照中的色彩能尽可能接近我们印象中的“记忆色”。通过对色彩的色调进行调整便可以创作出接近印象中“记忆色”的画面。原照片存在稍许曝光过度的问题，色彩本身也较浅。

1 首先对曝光度进行调整。将曝光量设置为“-0.9”，稍微降低画面整体的明度。

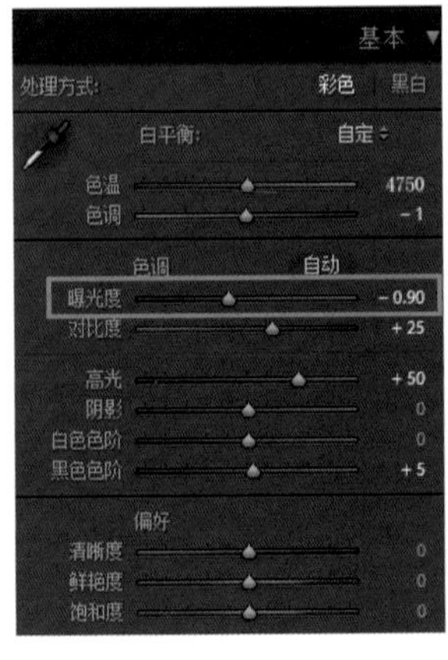

2 接下来对画面色彩的鲜艳程度进行调节。使用饱和度选项。由于原色彩过浅，在这里我们将参数设定为“+61”，为其进行大幅度的调整。

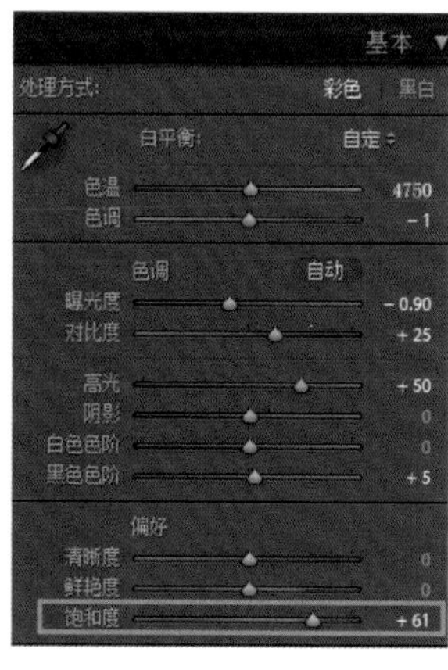

3 紧接着对色调进行调整。通过“色相、明度、饱和度”菜单对各颜色的色调进行调整，使图像的色调更加鲜明（数值如图所示）。对色调的调整因人而异，使用者可以根据自己的视觉感受进行最终的确认。

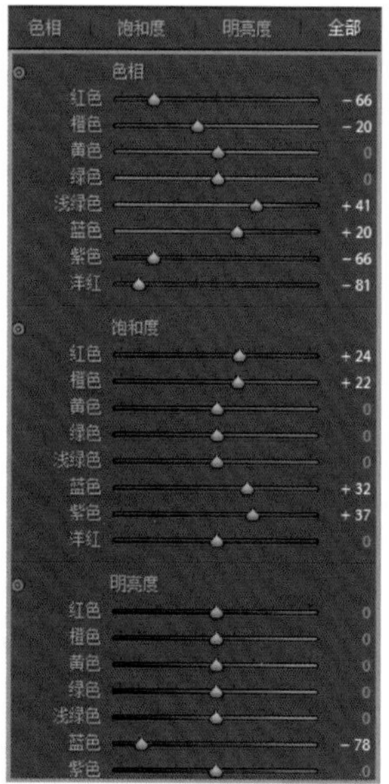

4-5

参数调整案例：

风景（街道）摄影

拍摄街景的照片与自然风景不同，所要表现的更多是人造建筑物锐利鲜明的形象。对画面的锐度进行强化，能够进一步突出画面的氛围。原照片是一幅具有一定锐度的作品，让我们来进一步对其锐度进行强调。

1 由于拍摄时镜头上沾染了粉尘，所以首先要对照片天空部分的污渍进行去除。使用“污点修正工具”，进行修正（如图所示）。其他的显像软件中也具备相应的功能，可参考图中方式进行处理。

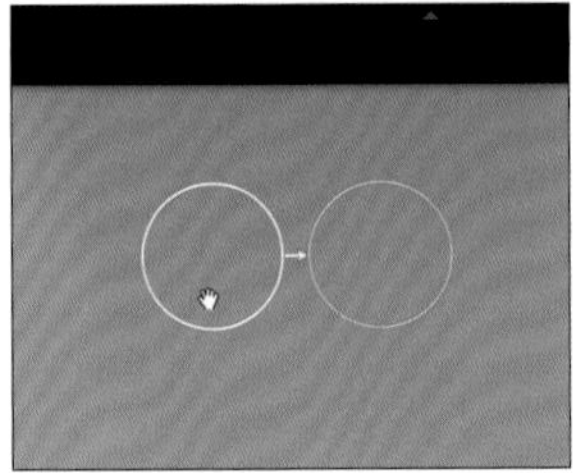

2 调整画面的锐度，使画面整体感觉更加锐利鲜明。通过“锐度”功能设定，强化锐度的“数值”和“细节”能使画面更加锐利，提高细节再现的精密程度。

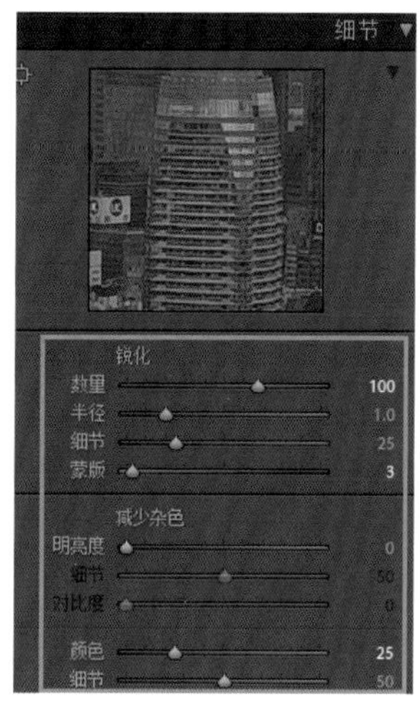

3 天空明度过高，使用被称为“渐变滤镜”的功能对部分区域的曝光度进行调整。在Photoshop Lightroom中有专门处理这一问题的功能，使用起来十分便利。如果你使用的显像软件不具备该项功能，可以在图像处理软件中进行处理。

3-6

参数调整案例：

动物摄影

在处理动物摄影作品时，关键点在于表现其皮毛特有的状态。这里所介绍的以猫为拍摄对象的照片，通过后期处理进一步强调了猫毛的柔软程度。在猫的腹部位置出现了稍许过曝问题，破坏了毛的柔软感，要着重对这一部分进行调整。

原图

1 使用“高光”“白色色阶”功能将图片中猫的脸部到腹部的过曝进行减弱。

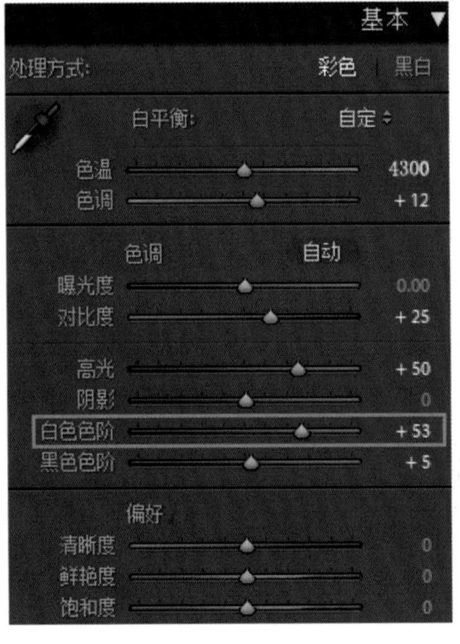

2 通过对暗部调整，在增加画面锐度的同时，避免过度调整对比度，使猫身上黑色斑纹显得更加亮眼。

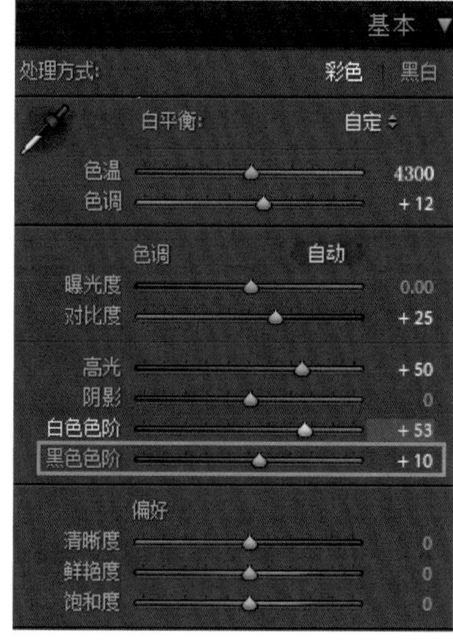

3 为了使眼部细节更加清晰，对其锐度进行调整。为了保持毛发的柔软感，在调整的同时要对锐度的“数量”项目进行适当的设置，将强化锐度的范围限于眼部周围。

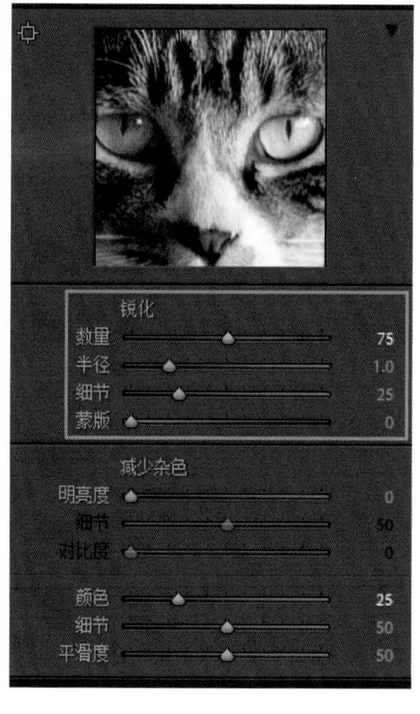

3-7

参数调整案例：

花草摄影

对花草摄影作品进行调整的要点是在提高花朵与绿叶的色彩鲜明程度的同时，保证其自然生物特有的柔软感，并对必要的部分进行锐化。过分进行色彩调整会留下人工雕琢的痕迹，故而在操作时要小心翼翼。原照片由于曝光过度造成色彩较浅，另外，由于光线偏红，造成绿叶的鲜明程度下降。

原图

1 在对曝光度进行适应性调整的同时，尝试增加颜色的鲜明程度。由于拍摄时光线为早晨的阳光，为了避免画面亮度太高，保持自然的感觉，特意将曝光度设置为“-0.36”。同时，提高整体画面的饱和度，将饱和度数值设置为“+20”。

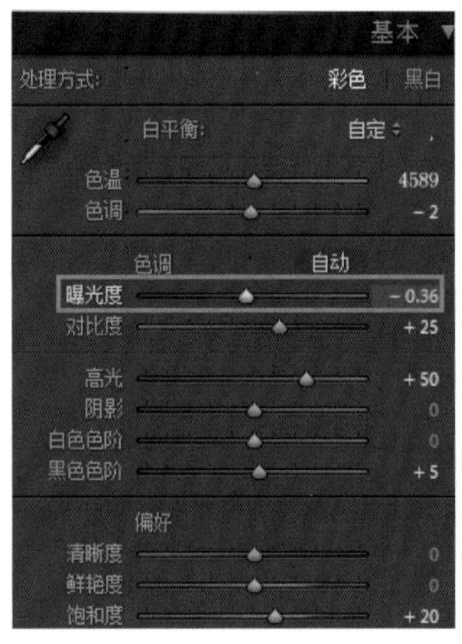

2 为了进一步强调清爽的感觉，减少色温中红色的成分，经过确认后将色温设置为“4589”。

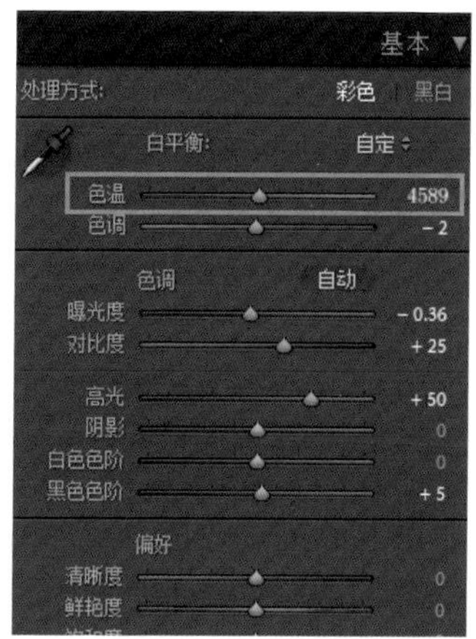

3 使用“色相、饱和度、明度”菜单进一步提高花朵与叶子的色彩鲜明程度，处理过当会留下人工雕琢的痕迹，要注意避免过度调整。

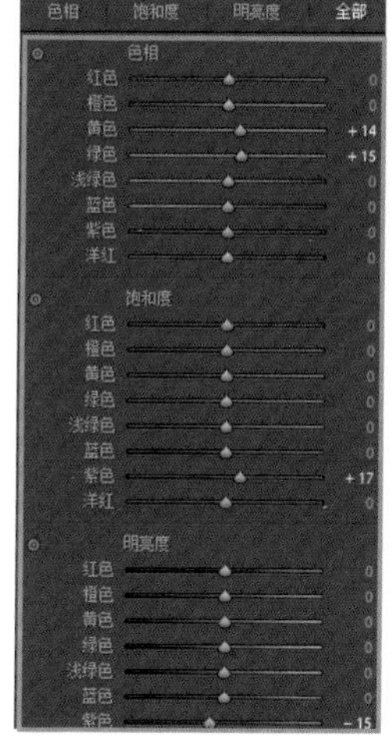

4 最后对锐度进行微调，对花蕊的部分进行适当的锐化处理。由于要保持花草特有的脆弱质感，调整不要过度。

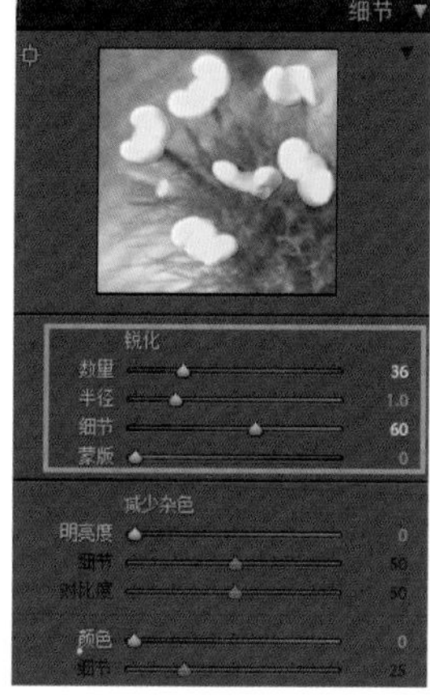

3-8

参数调整案例：

运动场景摄影

在对运动场景进行摄影时，拍摄对象无疑是运动中的人物，所以基本原则就是让该人物看起来更加形象鲜明。另外还要充分表现运动过程中色彩丰富各异的制服效果。本节中选用的照片由于拍摄时受到了阴天的影响，在一定程度上未能展现出自行车选手穿着的鲜亮服装的色彩，这里我们对其进行调整。

原图

1 画面的对比度较低，使用“黑色色阶”菜单制造出一定的阴影。

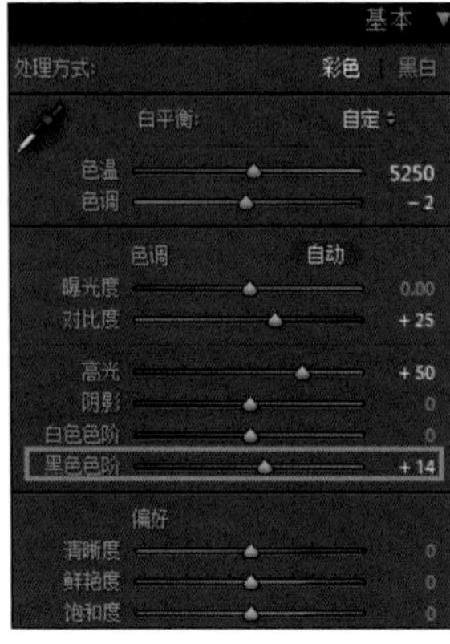

2 由于色温的关系，画面呈现出偏蓝色的状态，要对色温进行适当的调节。使用“吸管工具”选择一个基准点，自动对画面的白平衡进行调节。

3 为了突出颜色鲜艳的制服，对饱和度进行调整。但是在操作过程中要尽力避免由于饱和度过度而造成画面细节的严重损失。

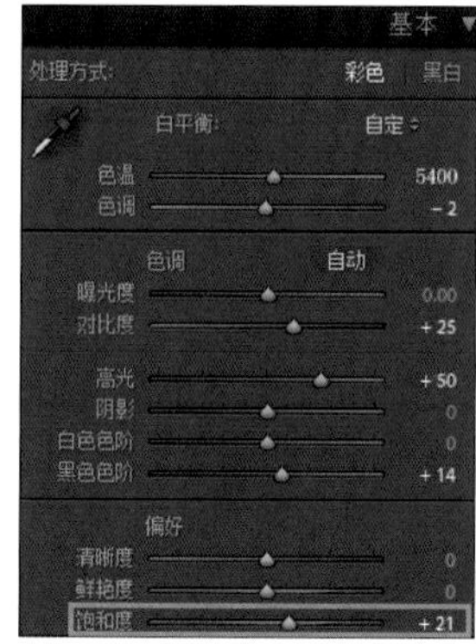

4 对画面锐度进行处理。在这里，要在突出自行车机器质感的同时，避免由于锐度过高而使运动员的皮肤看上去不自然，必要时要综合运用“细节”和“蒙板”两个项目进行锐度调节。

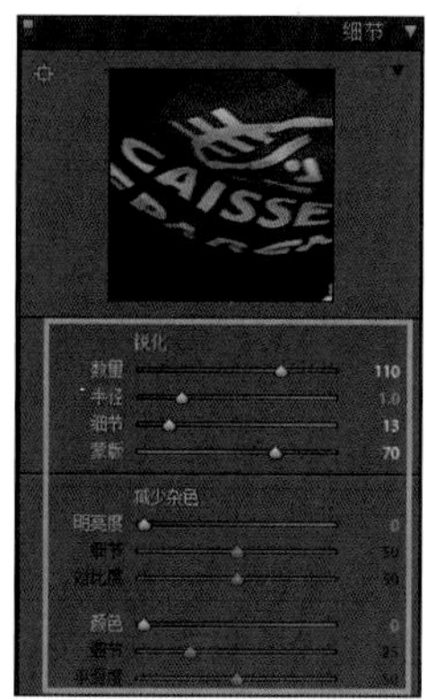

第三章

3-9

参数调整案例：

夜景摄影

夜景摄影通常是由各种颜色的霓虹灯和人工建筑物交织出的绚丽画面。只有令拍摄出的画面接近人眼所能看到的整体印象，才能凸显出其特有的气氛。这里看到的照片是使用数码相机自带的自动白平衡模式拍摄的，画面呈现出的效果偏红色。虽然画面中温暖的感觉并不突兀，但是我们还可以进一步强调其浓郁的都市感。

原图

1 首先要去除画面中偏红的色调，增加都市的冷峻感。使用取色器选取大厦墙面的灰色部分进行处理。

2 为了能够使画面中的霓虹灯更加鲜明，对饱和度进行调节。要注意的是，如果过于调整饱和度会使面前受到光照的部分出现细节丢失，要尽量避免。

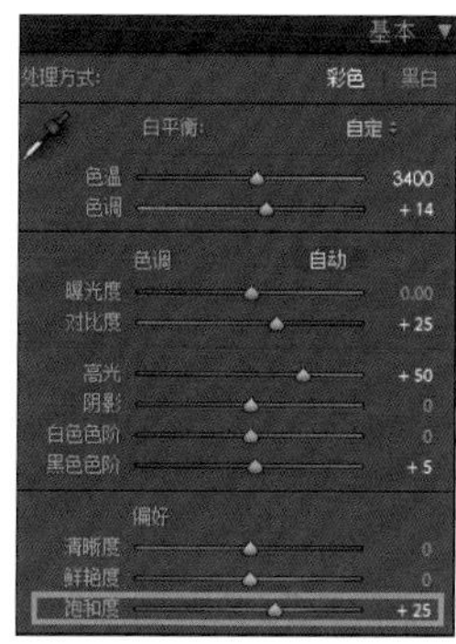

3 夜景的部分亮度过高，所以要通过调整曝光量进行处理，令画面整体变暗。为了保证建筑物明度不会过度暗淡，而天空部分又不至于太亮，–0.5的曝光调整值是较为合适的。

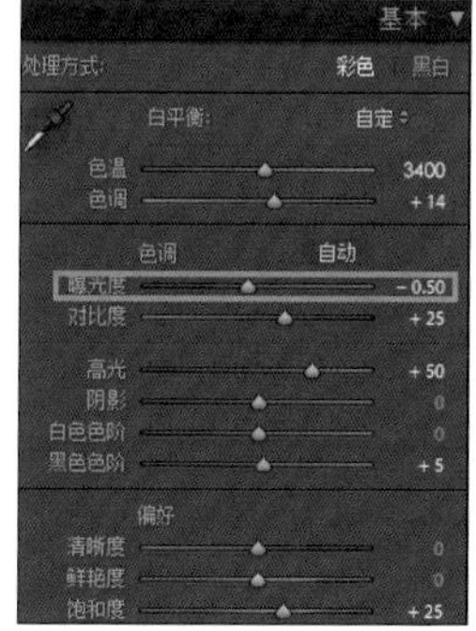

4 为了使画面中水面的效果更加生动，使用局部滤镜工具对水面部分进行处理，强调水面的反射。

3-10

参数调整案例：

儿童摄影

儿童摄影的拍摄对象是小孩子。儿童的最大特征是皮肤质感柔和，肤色通透。在对这样的照片进行处理时，关键点在于表现出上述特征。但是，如果过于强调皮肤的光滑程度，也会拉平图片的层次感，使画面的质感造成损失，要加以注意。让我们对这幅照片中儿童的肌肤透明感进行进一步的强调吧。

原图

1 通过曝光度调整制造出带有透明感的皮肤。

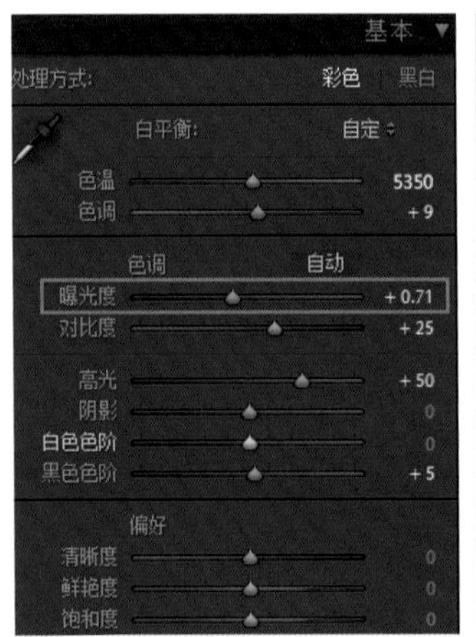

2 由于亮部曝光过度，采用“白色色阶”的方式进行调整。将亮部层次调整出来。

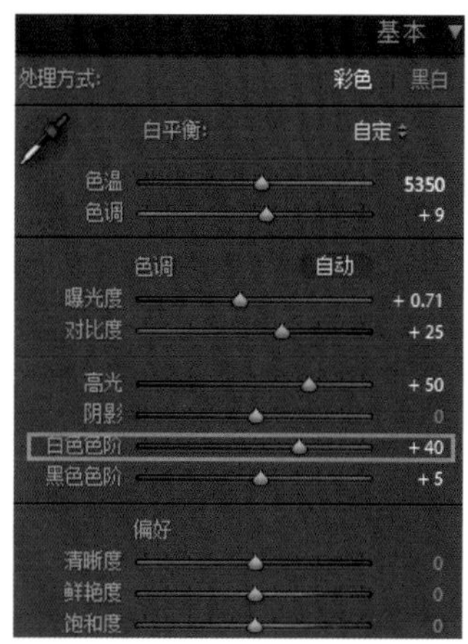

3 整体照片效果过白，调节“黑色色阶”制造出一定的阴影效果。如果这项操作使用过度，会抵消曝光度调整带来的效果。所以要进行最低程度的调整。

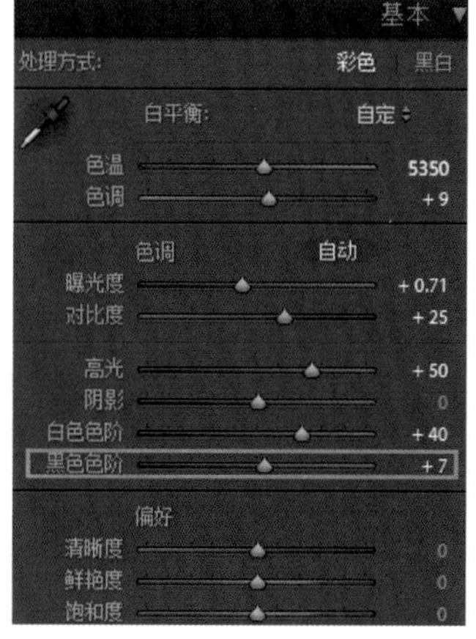

4 为了使皮肤看起来更加红润，通过“色相”菜单进行调整，减少其中的黄色指标数值。在这里，由于需要印刷，我们进行了过度的调节，在实际操作中，可以根据自己的视觉感受通过预览模式进行确认。

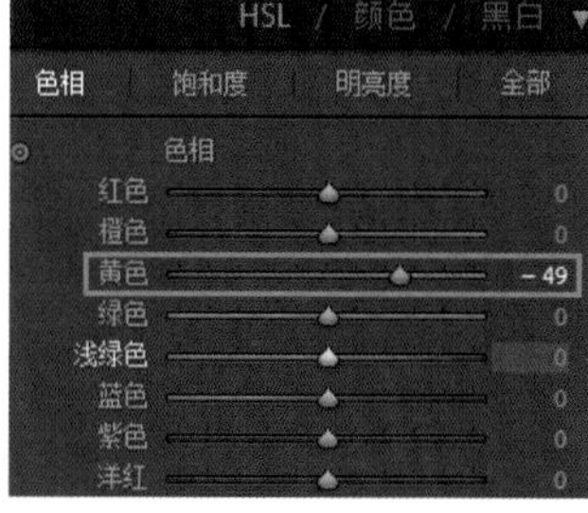

第三章

3-11

参数调整案例：
美食摄影

在拍摄美食时，最重要的当然是通过参数的设定表现出食物的美味。根据食物种类的不同，参数调节的方法也各异，但其基本原则是不要将画面处理得太暗。同时，根据食物本身的冷热，对色温进行调整。原照片由于照明的问题，食物的颜色偏红，在这里，我们尽可能降低照明的影响，突出美食最鲜艳的颜色。

原图

1 使用白平衡中的“吸管工具”对整体画面的白平衡进行调节。使用“吸管工具”在画面中移动的同时，通过“导航面板”对画面整体的白平衡变化进行确认，以此作为参考完成调节。

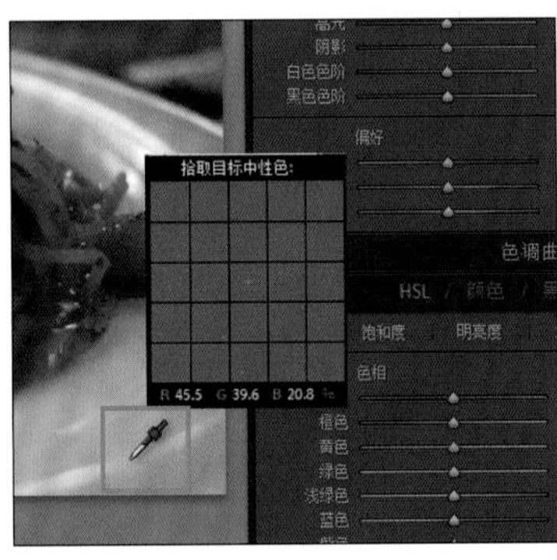

画面中明度略显不足，将“曝光度”调整为“+0.5”，如此对美食的光泽加以强调。

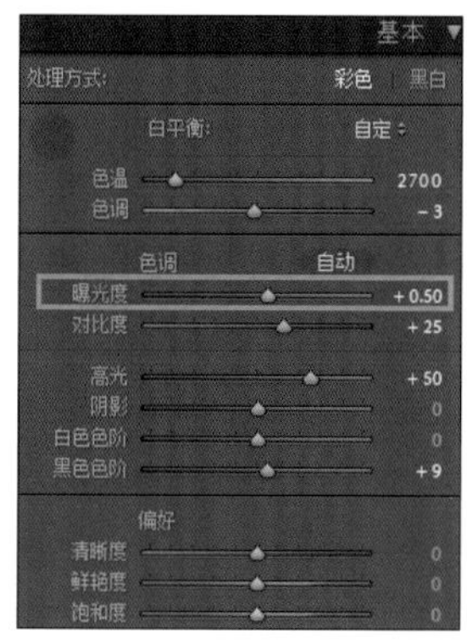

3 在提高曝光度之后，画面暗部也变得亮度过高了，在这里我们要使用“黑色色阶”去除部分阴影。在这里我们设置为“+9”。

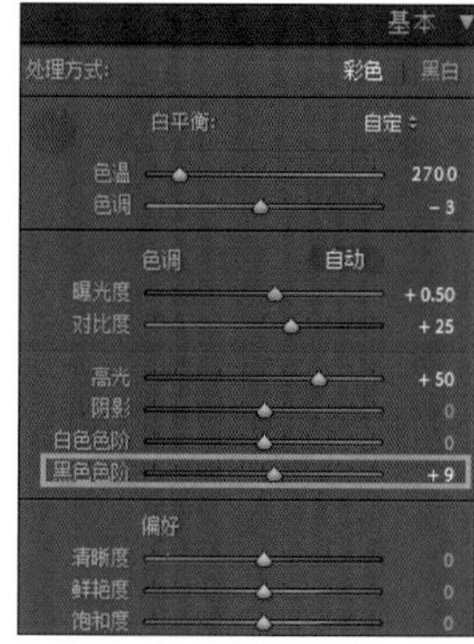

4 最后调整锐度。在就餐时拍照，拍摄的环境不受控制，有时会产生光照不足、拍摄对象边界不清晰等问题，所以我们可以在避免出现噪点的范围内，尽可能地对锐度进行强化。

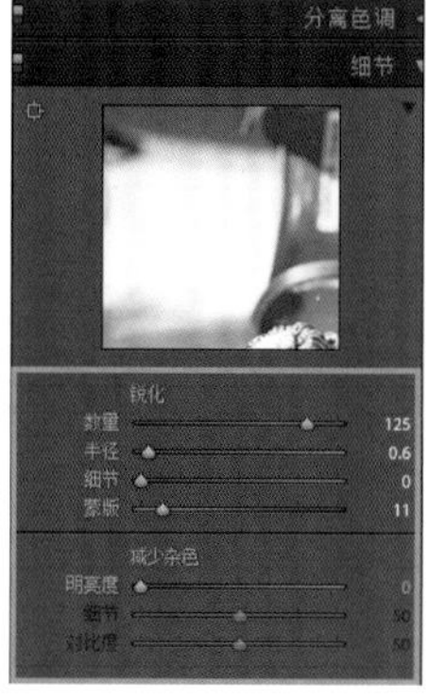

3-12

参数调整案例：

赛车摄影

在赛车摄影中，与其说拍摄对象是人，不如说是汽车或者摩托车。画面所要展现的也是赛车这种机器的厚重感和速度感，对速度感的表现与摄影时的技术运用十分相关。但是，可以通过降低画面整体曝光度的方式来突出机器的厚重感。本例中的照片在曝光这一问题上处理比较合适，但仍然使人感觉缺乏一定的厚重感。

原图

1 通过“曝光度”菜单进行调整，进行适当的负向调节，降低曝光度。

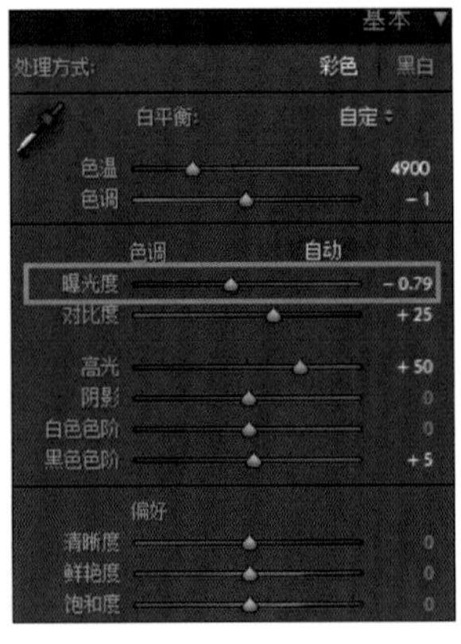

2 使用“黑色色阶”强调暗部，这是展现厚重感的一种非常好的方法。但是，处理过当会使画面细节受到损失，可以通过一边反复放大画面进行确认，一边进行调节。

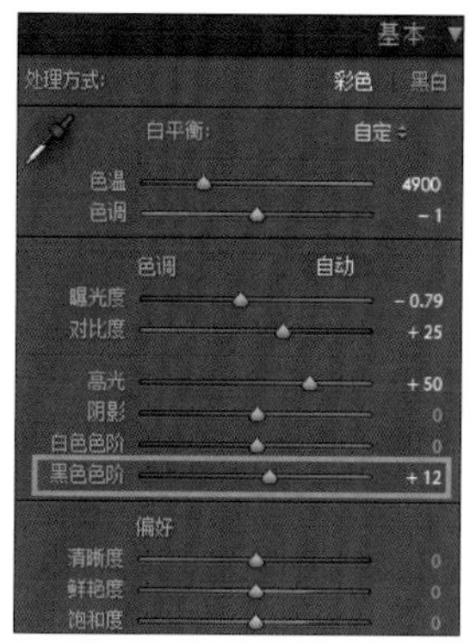

3 机械表面鲜艳的喷漆也是赛车摄影作品中最具魅力的一个方面。对“饱和度”进行调节，少许增加画面的鲜艳程度。

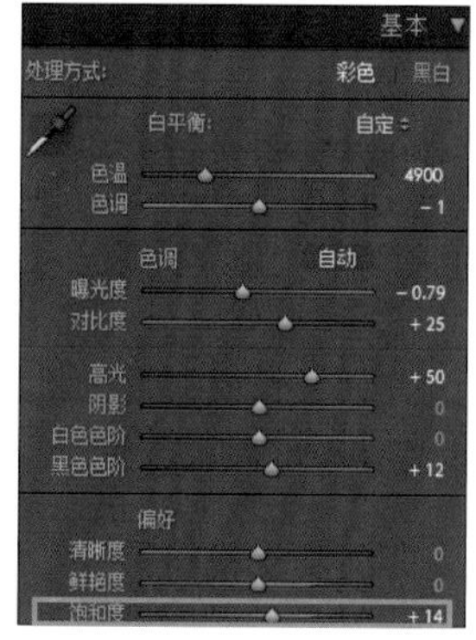

4 调节画面锐度，强调机械的轮廓。在这张照片中人物的皮肤几乎没有外露的情况下，可以不考虑肌肤本身的问题，可以进行强烈的锐化设定。

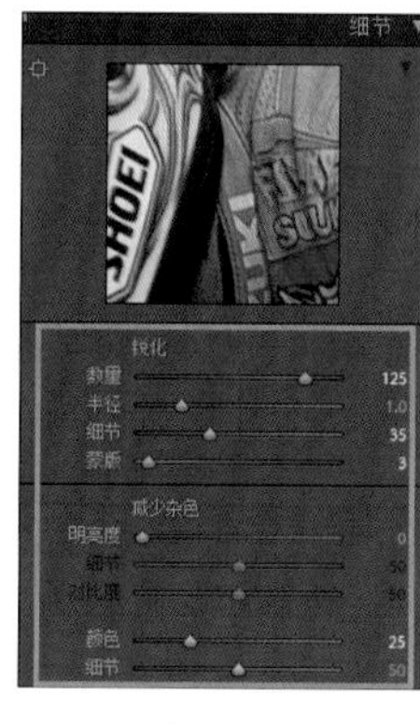

3-13

参数调整案例：

毛绒玩具摄影

对毛绒玩具等身边的小物进行摄影时，我们所追求的是一种带有特殊韵味的静物摄影作品。在拍摄这些照片时，关键点为尽可能地对拍摄对象素材的质地和细节进行表现。由于本类摄影通常在室内完成，拍摄时白平衡很可能无法正确设置。这幅照片的白平衡就未能正确设定，使画面偏红，这里我们要以此为重点进行调整。

原图

1 首先调整色彩平衡。使用“吸管工具”，通过“导航面板”对图中颜色进行确认，找到需要调整的位置。

2 由于在室内进行拍摄，光线过于柔和，造成画面对比度较弱。要通过“黑色色阶”选项对暗部进行强调。

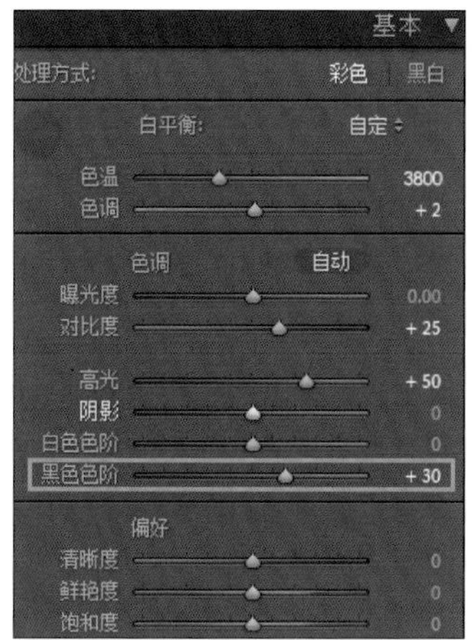

3 在对暗部进行强调后，毛绒玩具自身的倒影也变得更暗了。为了能够使其增加一些亮度，可以通过“阴影”功能进行处理。

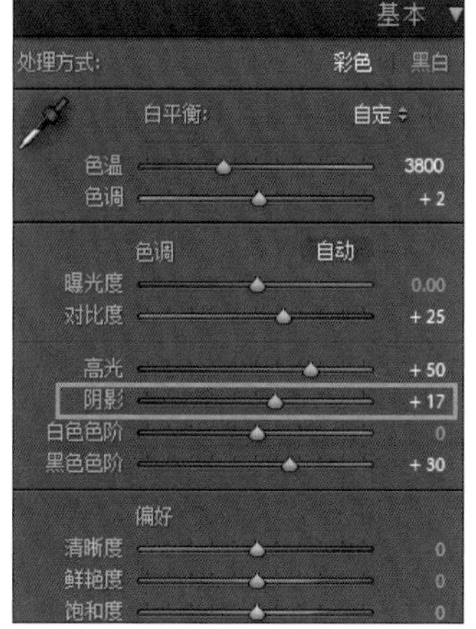

4 最后进行锐化调整，使绒毛更加清晰的展现出来。在锐度菜单中，对“数量”项目进行稍许增加，对“细节”参数进行大幅调整。使毛绒玩具的绒毛得到精致的展现。另外，调整“蒙板”参数能够有效地防止噪点的出现。

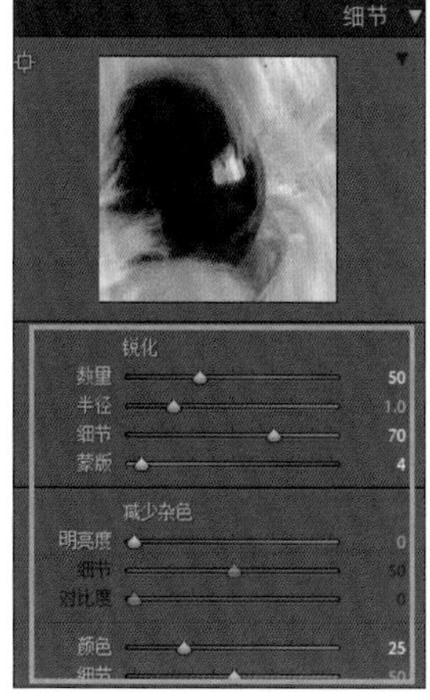

每次处理完成后制作“预设”文件

在Photoshop Lightroom软件的“显像”功能中，有一个“预设”的功能菜单，能够将对文件的处理过程加以储存并多次应用于其他图像文件。利用这一功能，可以实现自动重复进行多次相同的显像处理。为了能实现这一功能，要在处理完成后创建“预设”项目。

在完成对一幅图像进行的操作后，点击左侧面板中“预设”项目右端的“+”符号，打开“新建修改照片预设”对话框，为你新建的预设命名，并对相关的操作进行设置后完成创建。如此，再打开其他需要处理的图像文件后，便可以通过点击预设菜单中的预设名称，一步完成相关预设的设置工作。

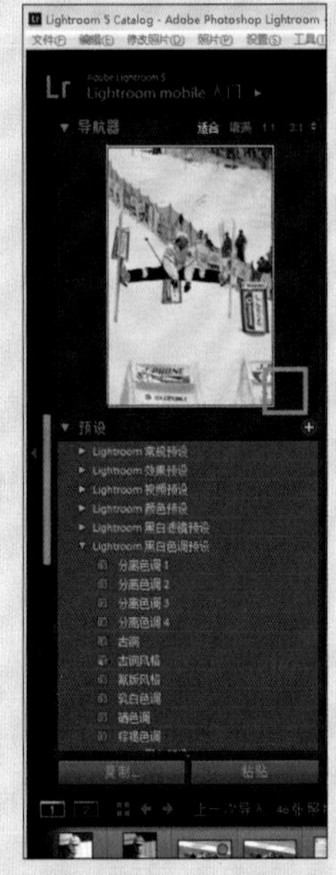

创建预设时，可以通过点击“显像”组件“预设”项目右端的“+”符号完成对话框的打开。

“新建修改照片预设”对话框中，可以对“预设”进行命名，并对相关的操作进行设置。

第四章

照片的修正与修饰

本章围绕照片的修正与后期处理等问题展开。首先我们要明确的一个基本问题是，修正与修饰各指什么？有什么差别？接下来我们将详细为您介绍相关的处理方法，请一定谨记。

4-1

照片的“修正”与“修饰”有何差别?

本书作为一本Photoshop技巧解说读本和一本摄影相关处理手册经常会使用到“修正”和“修饰”两个词汇。这两个词汇乍一听比较相似，但却有着细微的差别。那么这两种说法到底有什么差别呢?

▶▶ 都是对照片进行修改的方式

无论是“修正”还是“修饰”，都是对照片进行后期处理时所进行的操作。实际上，你将两者作为相同的词汇来理解也没什么不可以。对于我们来说，一般按照如下的标准使用这两个词汇：

“修正”

对照片的色调进行调整，对其明度进行微调等基本的操作。

“修饰”

对拍摄对象或者画面的污点、噪点进行去除，按照特殊的意图进行着色或加工。

可是说，“修正”是在“修饰”之前进行的基本操作处理，在完成图像的“修正”工序后，才可以进行相应的“修饰”。

▶▶ 关于“修饰”

“修饰”既包括对画面进行细微调整和修复的“修正”操作，也涉及到对画面进行重大变化的后期处理工作。

“如何才能按照自己的想法对画面进行处理呢? ”

不要纠结于细节，除了大胆的进行尝试以外没有别的途径。

对RAW文件进行显像处理的过程中，以往所进行的基本都是细微的“修正”类的工作，但是近来，随着软件功能的拓展，也可以在RAW显像文件中对图片进行很多较复杂的操作。可以说，“修正”与“装饰”之间的区别越来越小了。

画面修正的案例

对右侧的原图进行修正，得到了左图中的效果。如此对照片的色调明度、对比度等进行处理的过程通常被称为“修正”。

印象转换的案例

将原图（上）经过后期处理制作成的图像（下）。对色调进行了较大的改变，使画面整体感觉发生了重大变化。这是一幅模仿胶片摄影中“反转片效果”的图像。

4-2

对照片进行“修正”与“修饰”的时候应该注意些什么

在对照片进行修正和修饰的时候，有几个关键点我们必须加以注意。为了更好地保持画面原有的质量，我们必须提前对这些要点进行一个概括性的了解，然后再进行相关的操作实践。这是我们进行操作时避免失败的首要条件。

▶▶ 不要使用太多的功能

Photoshop CS3是一款具备了强大功能的软件，特别是在照片的修正和修饰方面拥有众多相关的功能可供选择。这些功能被区分为多个编辑系统，在菜单中通过横线加以分隔，如“亮度\对比度”“色阶”“曲线”“曝光度”等。在类似的一组菜单中，基本上所有的选项都有着相似的功能。

也就是说，在进行图片的修正或者修饰时，使用同一个菜单中多个不同的功能选项是没有意义的。对于这些功能来说，有些使用起来比较方便，但有些则具有一定的复杂性，你可以根据自己的喜好和所掌握的技巧来进行自由的选择。但是，避免在同一个图像文件中使用同一个菜单栏下的多种功能是一个基本原则。

另外，如果你在同一个图像文件中累加多种相似的处理功能，也可能因此而无法达到理想的效果。比如在基本图像的修正方面，我们一般都要力图在保持照片原有质感的同时不破坏图像质量的情况下进行处理。如果你采用多种不同的功能进行处理，总会或多或少地对画面质量造成一定损害。为了能够尽可能保持画面原状，我们要尽量少使用软件的功能对其进行处理。

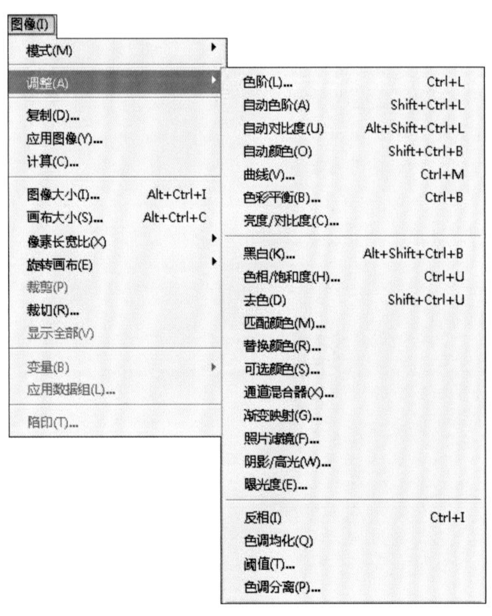

Photoshop CS3在图像调整方面有着强大丰富的功能。软件将能够达到同一效果的功能分为一组，可以对其进行自由的选择，但为了尽可能简化后期处理工程步骤，应在同一组功能中尽量选择单一选项进行处理。

进行“修正”与“修饰”不要过当

Photoshop CS3中不少的功能选项都有着相当大的参数设置范畴，甚至能够对照片进行颠覆性的处理改变。但是，如果过分地使用这些功能，不但会造成画质的损失，还会令作品有一种人工雕琢的痕迹。

一般来说，如果为了尽量保持图片自然天成的风貌，要尽量避免进行过度的后期处理。当然，如果你是刻意追求这种人工雕琢痕迹的效果就另当别论了。

在这方面我们推荐您抱着小心翼翼的心态，对画面进行持续的小幅调整，不断对修正的结果进行审视，及时与最初状态进行比对，并且永远停留在比自己预期的完美状态稍有欠缺的状态。当我们看到图像有些许的不自然时，大多都是过度修饰或修正的结果所致。

上图为刻意修正过度的状态。这一照片作者过度地进行了色相的调整。下图为原始照片。这样的处理方式不但令人对画面效果感到不自然，更令原本丰富自然的层次产生了断裂，造成了画面质量的下降，必须加以注意。

▶▶ 要点3: 使用复制的副本进行后期处理操作

在进行后期处理之前，一定要谨记留存一份图片的原始资料，对原始文件进行拷贝备份并加以保存才安全。当你想要重新从原始文件开始进行处理或对同一照片采取不同的模式进行处理的时候，如果有一个留存副本，那么将会大大减少你的工作量。

很多图像处理软件都有着“重做”功能，Photoshop CS3更是有着十分详尽的操作历史记录功能，能够对图像进行重新修改。但无论是怎样的软件，能够重新加载的步骤数都是有限的，不一定能够完全回到初始状态。

所以，在进行作业之前，一定要对原始文件进行备份，然后对文件进行处理和操作。

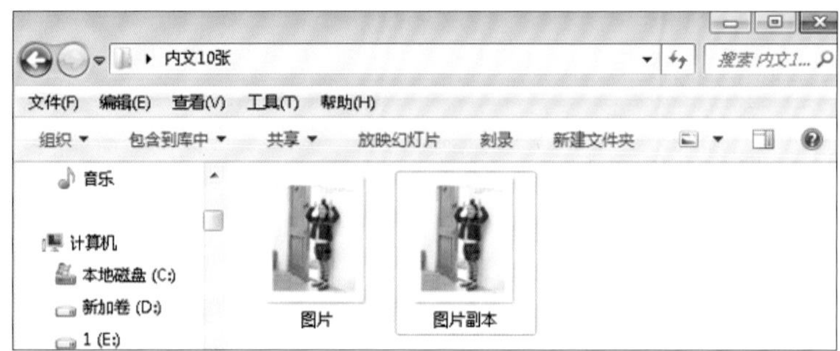

进行修正作业之前，对图像文件进行事先备份，务必留存一个原始文件。

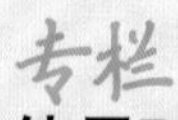

专栏

使用Photoshop Lightroom时

由于在Photoshop Lightroom软件中进行修改操作时并不是对原始图像本身进行处理，软件仅仅是对采取的操作步骤进行保存，所以不必对原图像进行预先的保存。

在所有的调整工序完成后，当你执行“保存”操作时，软件会直接生成一个经过所有修改后的新的图像副本，所以在操作过程中可以不必顾忌对原始图像造成损坏。

在调整完所有参数后进行“保存”操作时才会对图像处理，生成一个经过处理后的新副本。对JPEG和TIFF等文件进行处理也是一样。

▶▶ 要点4：灵活运用图层功能

在使用Photoshop CS4等带有图层功能的软件进行后期处理的时候，灵活运用图层功能也是保留原始数据的方法之一。在打开需要处理的画面之后，对原始画面图层进行复制，然后对复制图像进行相应的修正操作也是个不错的选择。采用这样的方法可以将修正过的图像和原始图像保存在同一个文件中，十分方便。

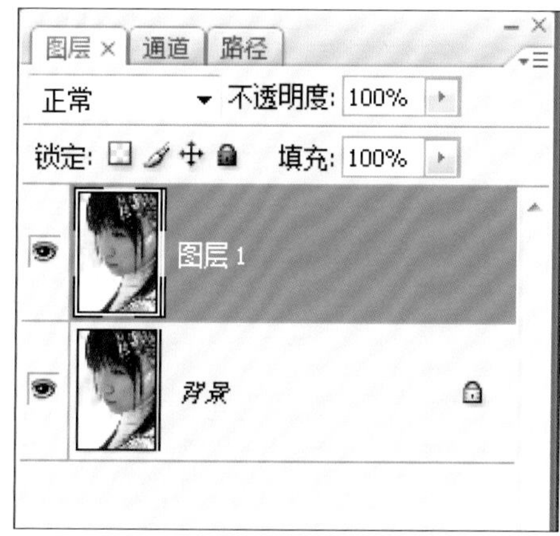

在使用带有图层功能的软件时候，如图所示，可以对于原始图像进行复制，然后对复制的图像进行处理作业。

▶▶ 要点5：随时存储

虽然现在电脑的功能越来越强大，但是仍然无法完全避免由于某些故障而造成处理过程中软件突然崩溃或者停止运作的情况发生。在遭遇这样的问题时，为了能够有效地恢复到尽可能接近最终操作步骤，及时进行保存是最为妥当的方法。为了避免每次打开菜单选项才能进行保存，谨记保存快捷键是一个值得推荐的好方法。

文件(F)

新建(N)...	Ctrl+N
打开(O)...	Ctrl+O
浏览(B)...	Alt+Ctrl+O
打开为(A)...	Alt+Shift+Ctrl+O
打开为智能对象...	
最近打开文件(T)	▸
Device Central...	
关闭(C)	Ctrl+W
关闭全部	Alt+Ctrl+W
关闭并转到 Bridge...	Shift+Ctrl+W
存储(S)	Ctrl+S
存储为(V)...	Shift+Ctrl+S
签入...	
存储为 Web 和设备所用格式(D)...	Alt+Shift+Ctrl+S
恢复(R)	F12
置入(L)...	
导入(M)	▸
导出(E)	▸
自动(U)	▸
脚本(K)	▸
文件简介(F)...	Alt+Shift+Ctrl+I
页面设置(G)...	Shift+Ctrl+P
打印(P)...	Ctrl+P
打印一份(Y)	Alt+Shift+Ctrl+P

Photoshop CS3的保存菜单如图所示。图为Windows版本操作系统的软件，但是MAX OS系统的快捷键也相同。

▶▶ 要点6：善用“调整图层”

Photoshop CS3配备了“调整图层”这一特殊的功能，这一功能实际是将色彩调整作为一个图层进行保存。通过这一功能，能够使修正操作进行的用户对所有的调整作为一个特殊的图层使用，即使进行多次操作，也不会对原始数据造成损坏。

即使你的修正出现了问题，也可以直接将这一调整图层删除，恢复到原始图像，十分的便利。如果你使用的是Photoshop CS3或者Photoshop Elements等带有此功能的软件，可以尝试这种操作。

使用调整菜单的“曲线”功能的情况。像这样将修正值作为一个单独的图层进行保存，可以进行自由度相当高的修正操作。

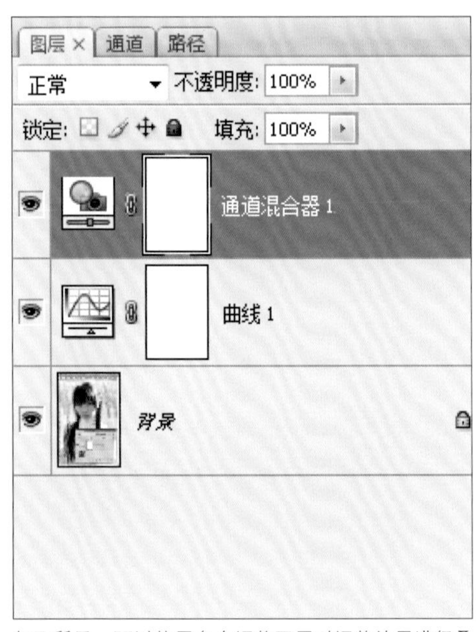

如图所示，可以使用多个调整图层对调整效果进行叠加。另外，也可以通过图层蒙版功能对图像的某些区域进行单独的调整。

专栏

使用Photoshop Lightroom时

在Photoshop Lightroom软件中进行修改操作与使用Photoshop CS3的调整图层进行修改十分相似，都可以在不破坏原始图像的情况下对图像进行反复的修改。

很多时候，我们需要使用不同的多个参数进行多次反复调整，即使如此，采用这两种方式都不会对原画面的质量造成损害，十分好用。

4-3

配合使用Photoshop Lightroom与Photoshop CS3

Photoshop Lightroom能够对Raw格式的文件进行高效的显像和管理作业，但是无法如Photoshop CS3一样进行自由的图像修饰处理。如果我们能够将两者有效的配合使用，便能够突破这些局限性，创造性地进行图像处理。

▶▶ 将文件从Photoshop Lightroom导入Photoshop CS3

在使用Photoshop Lightroom进行图像处理操作的时候，有时难免会碰到Photoshop Lightroom无法完成修正或者修饰处理的情况。这时，如果再一一的将需要处理的图像从保存的位置找出来，重新在Photoshop CS3软件中打开进行处理，显然十分不便。那么，我们可以使用将文件从Photoshop Lightroom导入Photoshop CS3的功能进行处理。

如果想要在Photoshop CS3软件中打开一个Photoshop Lightroom正在处理的文件，我们可以从Photoshop Lightroom软件中找到“照片”>“使用其他组件编辑”>“使用Photoshop CS3编辑”选项。选择这一选项后，所选择的图像将自动在Photoshop CS3软件中打开，之后你便可以根据自己的需要进行自由的操作处理和保存了。同时，该菜单中还配备有“在Photoshop中编辑”的选项，可以根据需要进行选择。

如需要在Photoshop CS3中打开相应的图片，可以选择你想打开的图片（如图所示），并开启上图中的菜单进行操作。

第四章

快捷菜单（Windows右键菜单）中也可以打开该选项。如果养成习惯这一方法更为便捷。

▶▶ 配合完成制作HDR图像和全景图等特殊效果

在Photoshop Lightroom中无法完成HDR图像和全景图等特殊效果的制作，但是这些作业可以通过Photoshop CS3来完成。于是，我们可以采取“在Photoshop Lightroom中选取，在Photoshop CS3处理”这一途径进行作业。

如果想将图片编辑为HDR图像或全景图，可以在选择所有想要处理的图像的情况下，打开“图像”菜单，选择“在应用程序中编辑”中的“在Photoshop中合并到全景图”或者“在Photoshop中合并到HDR”选项。之后，相关的图像将会被转至Photoshop CS3中，如果是合成HDR，将打开“Photomerge”对话框，如果是合成全景图，则打开“合成全景图”对话框，然后再按照Photoshop CS3的相关方式进行处理。

选择所有想要合成全景图的图像，然后选择“使用Photoshop合并到HDR”选项。

与“合并到全景图”相似，合成HDR图像时，选择所有想要合成HDR的图像，然后选择“使用Photoshop合并到HDR”选项。

在Photoshop CS5中完成HDR图像和全景图制作后，点击保存按钮，合成好的图片将自动进入Photoshop Lightroom，非常便于下一步的处理。

4-4

“修正”与“修饰”的关键点：

去除杂质和污渍

在人物肖像摄影（特别是以女性为拍摄对象的肖像摄影）中，后期处理最关键的就是强调肌肤的透明度和健康的肤色。为此，甚至可以牺牲周围环境的曝光度，对不必要的景物细节大胆舍弃。这次我们要处理的照片在曝光的问题上并没有太大失误，但由于脸部有较重的阴影，令人感觉不够明快。

▶▶ 操作时最重要的是什么?

在进行摄影（特别是使用单反相机摄影）时，经常会因为更换镜头等原因使感光原件受到污渍的侵袭。根据照相机品类的不同，我们可以采取不同的方式对这一问题加以预防和及时处理。但是，有很多时候我们并未发现污渍就进行了照片的拍摄，直到在显示器上再次浏览照片时才发现这一问题，这时应该如何处理呢?

当遇到类似的情况时，我们可以使用Photoshop CS3中的图章工具加以处理，通过对周围相似部分的拷贝，重新覆盖污渍位置，这是最为常见且有效的方法。

操作的关键点如下：

・将图章的大小尽量调整到与污渍相同大小。

・尽量选取最为靠近污渍的位置，使用图章工具进行拷贝。

在对线形的污渍进行处理时，操作要领也是如此。但是，如果使用鼠标拖拽的方式拷贝，很容易让处理后的画面显得不自然，所以，我们比较推荐将线形的污渍分解为无数个细小的污渍点后再进行处理，不断变化选取的位置，避免出现不自然的问题。

同时，不要一味在放大画面的模式下进行处理，不断对画面的缩放倍率进行改变，以确认画面的处理状态。

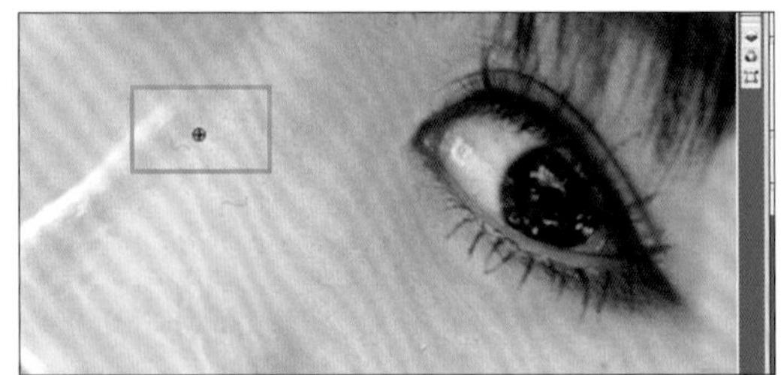

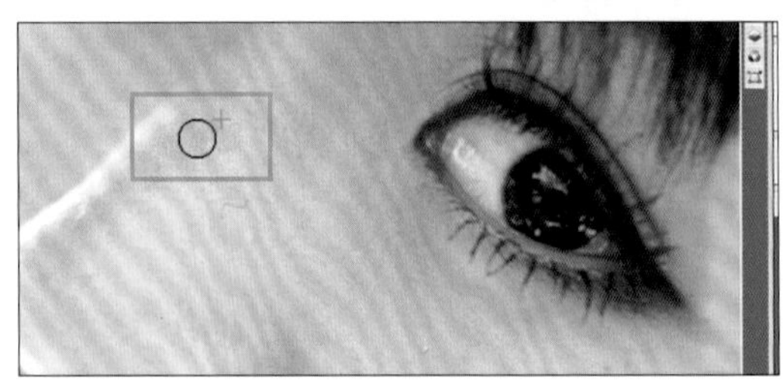

去除污渍的顺序

首先在距离污渍尽可能近的位置进行拷贝（上），然后将鼠标移动到需要覆盖污渍的位置点击（下）。切忌不要将刷子调整得过大，以防造成处理后该位置画面效果不自然。在处理线形污渍的时候，将其分解为较小的点进行细致的处理。

▶▶ Raw显像软件也可以进行相同的处理

近来，大部分的Raw显像软件也具备了污渍处理的功能。所以，对Raw文件进行处理时，我们推荐在Raw显像软件中就进行污渍处理操作。

基本的操作程序极为相似。不要一味的急功近利，一定要在不破坏画面质量的情况下循序渐进地进行操作。

如果对污渍部分进行了过度的处理，会造成画面产生明显的违和感。所以，在处理中一定要强调重视画面的自然和谐。

在Lightroom软件中可以通过“噪点处理”功能进行处理。首先设定板刷工具的型号，点击选取污渍的部分后会出现一个新的选择标志，用其选取需要进行拷贝的部分完成操作。

4-5

“修正”与“修饰”的关键点：

消除噪点

在使用高感光度摄影功能的时候会使画面出现一定的噪点。凭借着感光技术的不断发展，现在大部分数码相机在防止噪点的问题上都取得了不错的突破，很多时候可以避免出现大量噪点的问题。但即便如此，受到不同摄影环境的影响，也还是不能完全避免噪点的出现。那么，当噪点出现时，应该采取怎样的方式进行处理呢?

▶▶ RAW显像时处理效果最佳

处理图像噪点最佳的时机是RAW显像的过程中。在这时进行除噪，能够最大程度地避免图像画质的损失。

但是，除噪工作并不仅限于RAW显像过程中，在对各种不同格式的图像文件进行处理的时候，要学会活用RAW显像软件的强大功能。

近期开发的RAW显像软件不但具备了处理RAW文件的功能，对于TIFF、JPEG等常见的图像文件也可以进行导入处理。我们可以通过这些软件对图像文件导入后进行除噪的处理，简化大量的操作步骤。

原图像文件如图所示。在如左图这样大小的文件中，我们无法看出拍摄过程中是否出现了噪点。通常我们可以按照需要对图片进行放大，然后判断噪点出现的情况和幅度。如此，我们对原图像进行一定比例的放大，从而进行说明介绍。

这是使用Lightroom进行“噪点处理”的情况。与右侧的原图相比，左侧处理过的图像大幅减轻了亮度过高造成的噪点。

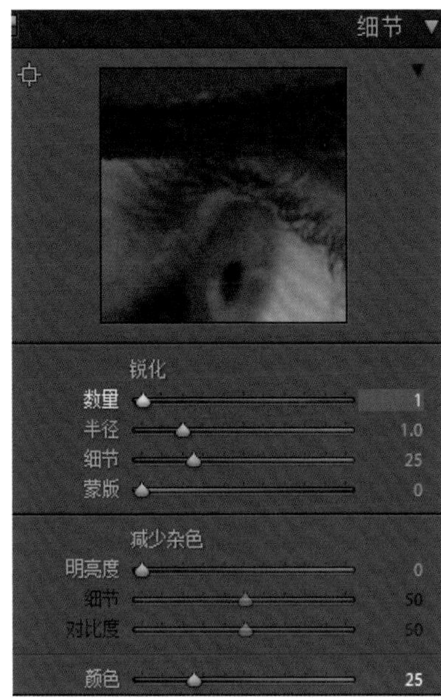

Lightroom中噪点处理功能，与锐度调整都隶属于细节调整菜单下。由于降噪处理会在一定程度上造成画面锐度的损失，所以要在权衡两者平衡的情况下进行统一调整，以达到最好的效果。

▶▶ 活用图像处理软件的降噪功能

在Photoshop CS3等图像处理软件中，也设置有降噪处理的功能选项。对RAW格式的图像文件来说，在RAW显像软件中进行处理是我们的首选，但是对于其他的普通图像文件来说，使用图像处理软件进行降噪也是一个不错的选择。

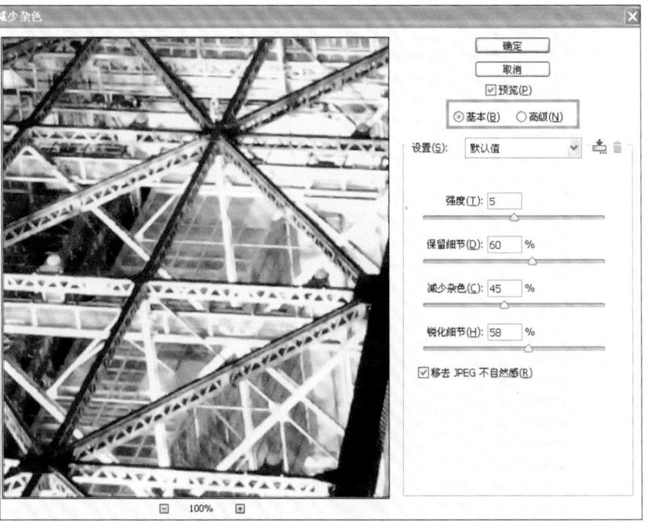

图为Photoshop CS3软件的噪点处理功能“降噪处理”的对话框菜单。通过对该对话框中的4项数值进行调整，我们可以有效地对降噪进行控制。另外，在“详细”选框中还可以对色彩通道等数值进行设定。

第四章

5-6

“修正”与“修饰”的关键点：

矫正画面的倾斜

在我们进行摄影的时候，有时会由于相机未能水平放置而造成画面的倾斜，有时即使相机保持了平衡，但因为被拍摄物体自身的原因也会拍摄出倾斜的画面。这时我们就需要对画面进行修正，以制作出端正的构图。与去除杂质和污渍一样，对倾斜画面进行调整也是一项基本的修正操作。

▶▶ RAW文件一定要在显像过程中进行调整

在使用显像软件对RAW文件进行显像的同时，就可以完成画面倾斜的矫正。在进行矫正时，可以首先对画面的水平和垂直部分进行确认，而后根据（自己处理的需要）理想状态进行逐步的调整。

首先，对大体的倾斜程度进行确认，详细地设定修正角度后，再通过预览图进行确认，从而找到最为合适的调整参数进行设定。

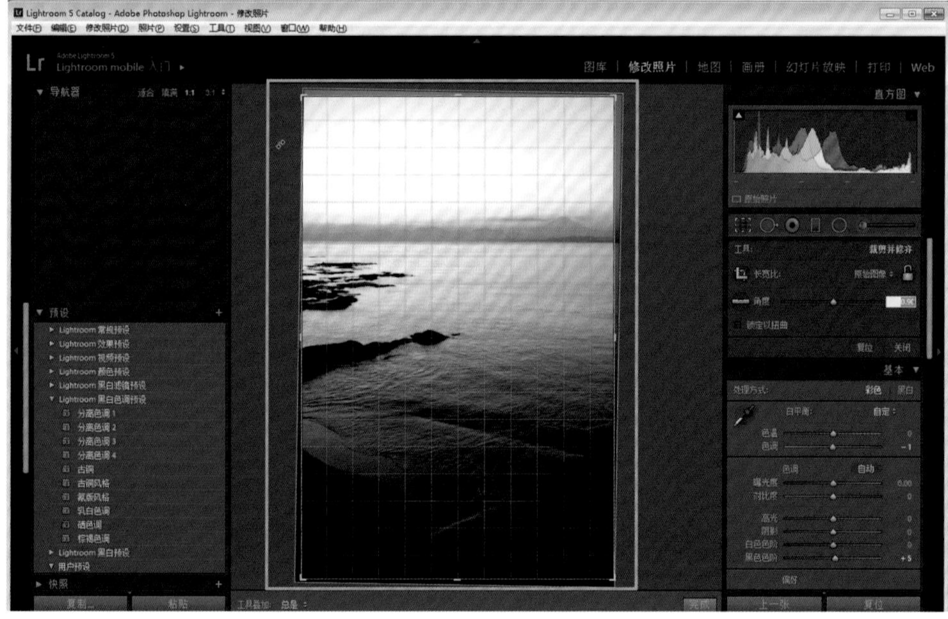

在Lightroom软件中进行倾斜调整的情况如图。在该软件中的微调选项中设有旋转调整功能，使用该功能更能够方便地完成倾斜矫正操作。在其他类似的RAW显像软件中，很多也具有类似的调整功能。

▶▶ 使用Photoshop CS3的辅助线功能

在使用图像处理软件进行倾斜矫正的时候，基本上软件本身都会有一个名为“旋转”的调整选项，可以使用该选项完成相关操作。一般来说，可以按照上文所描述的方法，通过预览确认后进行逐步的调试，而在Photoshop CS3软件中，可以利用其具备的“标尺”功能，十分便利地完成倾斜的矫正。

“标尺”功能能够随时在软件中调出一条辅助线，并且根据辅助线迅速自动计算出倾斜的角度。如果在你所拍摄的画面中本身就有能够作为标准的水平线或者垂直线，就可以更加便利地完成调整，希望大家加以尝试。

在Photoshop CS3中可以十分便利地完成倾斜矫正操作。首先我们需要利用“标尺”功能在画面中设定一条用以比照垂直倾斜角度的辅助线。对画面本身来说，倾斜或者垂直的角度并不容易看出，但我们可以选择画面中天地交接的水平线作为比照的对象，在其上设置辅助线用以自动确认。

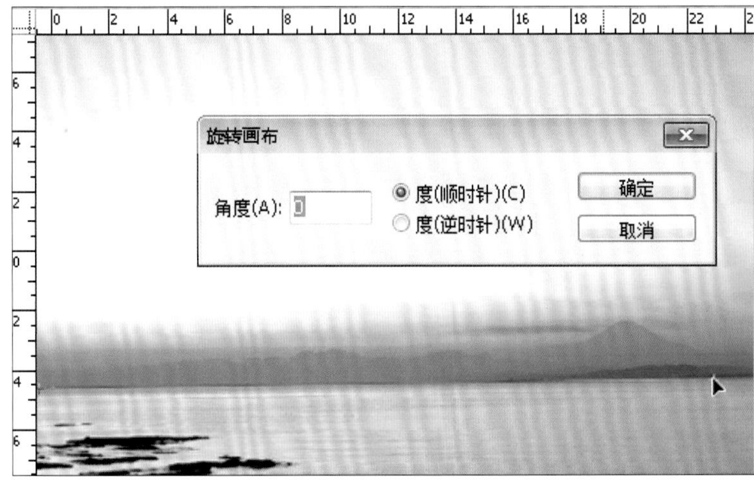

然后找到“图像处理”菜单>“旋转画布”>输入“角度”数值，而刚才通过辅助线确认的数值会自动输入其中，我们只需要点击“确认”按键便可以轻松完成操作。最后，再对调整后画面四周留下的空白部分进行剪裁便可以完成调整。

4-7

"修正"与"修饰"的关键点：

修正镜头畸变和画面扭曲

相机镜头在拍摄时常常会出现被称为"畸变"的问题。其实最为彻底的解决办法便是在拍照时选择可以完全避免该问题的相机镜头，但这种设备一般来说价格极高、重量很重，在制作和使用的时候并不是十分方便。于是，在出现被拍摄对象或画面畸变十分明显的时候，我们通常也需要采取后期处理的方式进行解决。

▶▶ 无论是图像处理软件还是Raw显像软件，都可以完成该操作

画面的歪斜、畸变以及畸变造成的色彩偏差是造成画质下降的主要原因之一。在过去的图像处理软件中（包括早期版本的Photoshop CS3软件），处理画面畸变都比较困难。但是，随着数码相机的广泛应用以及数码照片处理的需求日益增加，如今的Photoshop CS3软件已经具备了专门对畸变进行处理的功能。

在Photoshop CS3软件的"筛选"菜单中，可以调出"镜头校正"选项进行相关的操作。如果你是在RAW显像文件中对RAW图像进行处理，也可以直接使用该软件进行处理。对于无法完全处理的问题，再通过Photoshop CS3进行微调，便可以制作出完美的照片。

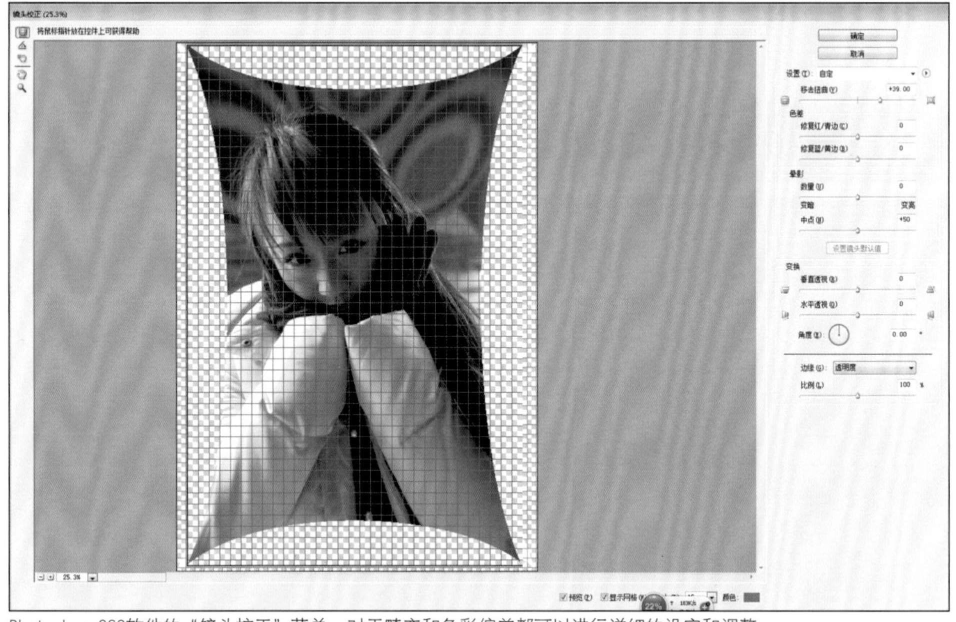

Photoshop CS3软件的"镜头校正"菜单，对于畸变和色彩偏差都可以进行详细的设定和调整。

对歪斜和畸变进行充分处理后的画面（左）与（右）原画面的对比。通过对画面扭曲部分的调节，能够充分解决由于镜头本身的特性造成的画面畸变。

▶▶ 注意避免校正过当

在对画面和色彩的畸变进行校正时，一定要注意避免过度地进行修改。特别是在色彩畸变方面，由于调整色彩畸变的同时，有可能会使画面的色彩产生新的色彩畸变问题，反而会使好不容易调整到满意状态的画面重新恢复到不完美状态，南辕北辙。所以，在进行操作时，不能一味地使用放大的画面进行调整，一定要不断切换回100%比例的画面进行整体的观察，小心地进行逐步调整。

对于画面扭曲的调整也是如此，切忌过度修正。对画面进行过于完美的调整，反而会造成视觉上的不自然。不要一味地按照教程或者规定进行调整，忘记这些成规，通过自己的双眼进行观察后，按照自己的感觉进行调整才是最为直观的方法。

在Photoshop CS3软件中对桶形畸变（从中间向两侧膨胀）进行调整的过程，通过调整可以有效地对镜头的畸变进行改善。由于过度的调节会产生视觉上的不自然，一定要加以注意，切忌过度修正。

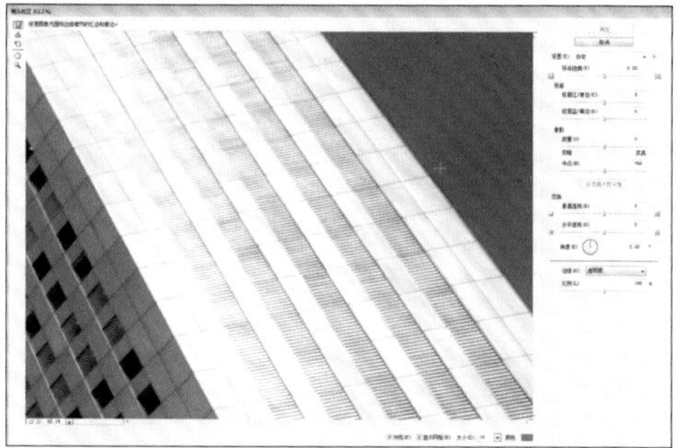
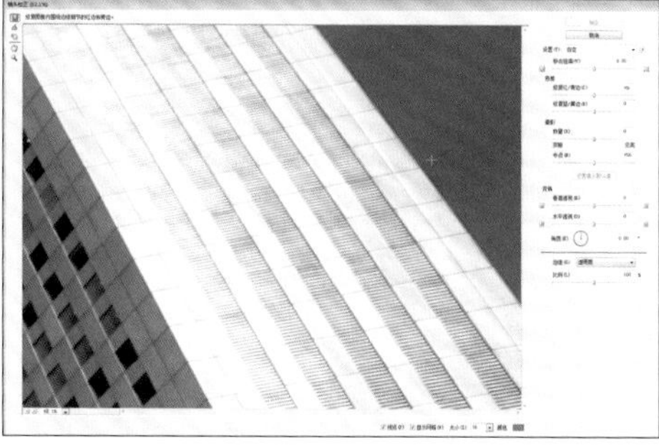

对色彩畸变进行处理的情况如图。在100%显示的画面中，所拍摄的建筑物边缘会看到一条泛着红色的边缘线（左）。如果对这条红线的畸变进行修正，可能会使画面产生新的色彩畸变，所以一定要小心翼翼地进行操作。

4-8

“修正”与“修饰”的关键点：

白平衡调整

白平衡是一种保证色彩正确再现的重要功能。一般来说，现在的数码摄影设备都配备了这样的白平衡功能，但是相机的白平衡功能并不是万能的。由于拍摄时候的条件和环境瞬息万变，有时常常会出现红色或者蓝色过度的情况发生。于是就需要在后期处理的时候，采取一定的手段对白平衡进行再次调整。

▶▶ 找到画面的中间色

后期调整白平衡有多重方式可以选择。其中最为推荐的是在使用RAW显像软件进行处理的时候进行修正调整。这种方式可以通过设定色温的方法对白平衡进行设置，或者如数码相机的功能菜单一样根据“日光”“白炽灯”等基本模式加以选择。

在使用Photoshop CS3图像处理软件进行处理的时候，可以通过“曲线”功能中的吸管工具（取色器）进行操作。在其他有取色器工具的图像处理软件中也可以采用相似的方式加以处理。

吸管“取色器”工具最大的优点在于，可以在对色温和白平衡进行相应调整处理的同时，解决图像偏色的问题。但是，在你熟练掌握这一技巧之前，一定要注意避免调整后出现诡异的色彩。这里的操作要点在于如何熟练地确定画面中间色的位置。

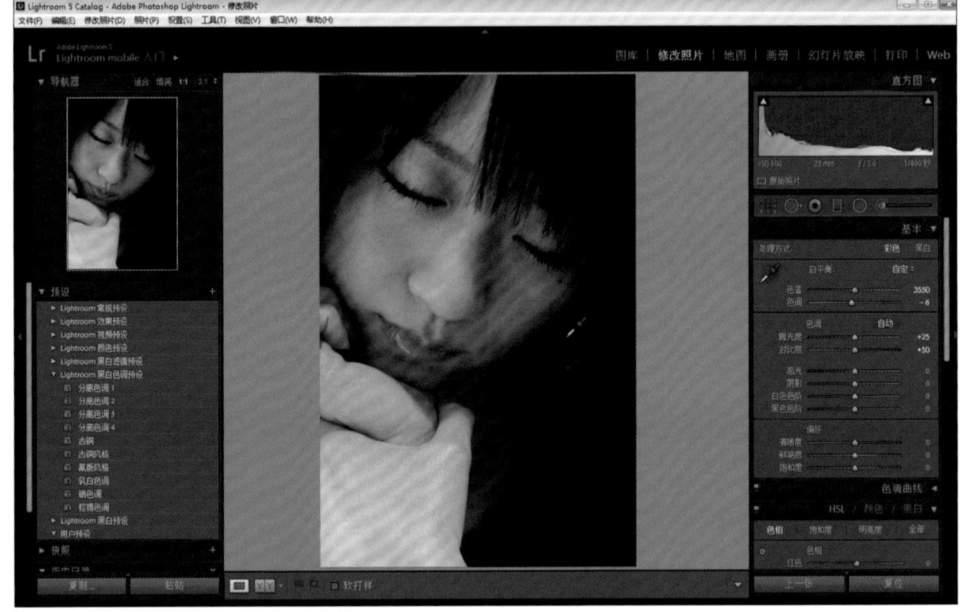

图为使用Lightroom中配备的取色器工具对白平衡进行处理的情况。随着你移动Lightroom中取色器的位置，导航窗口中也会随时显示处理后的效果。

如果我们把画面看成黑白两色染成的图案，那么画面中总有未渲染到黑白两色的灰色区域。在找出画面中这样的中间色后，用吸管工具进行选择，便可以通过曲线调整有效地对画面白平衡进行修正了。但是，如果选择了有颜色的部分，那么将会造成色彩整体颜色的偏移，出现奇怪的效果，一定要加以注意。

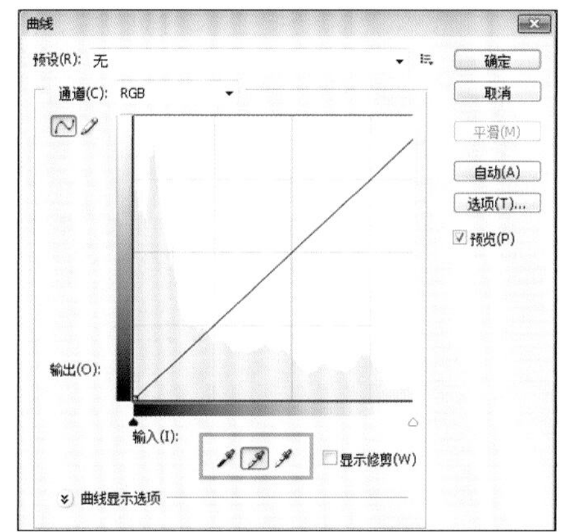

在使用Photoshop CS3进行处理的时候，在曲线功能的对话框中有三个取色器的图标。调整白平衡的时候，我们要选择中间的一个。

▶▶ 留存色彩偏差也是一种表现手段

通常情况下，一定要将画面的白平衡调整到正确的区间内，但也有特例。比如在拍摄灯泡的时候我们希望感受到温暖的质感，拍摄白天的草原的时候要有天高云淡的感觉。这时，如果对画面的白平衡进行过度的调整，会损失画面本身带给人们的“韵味”。所以，我们有必要强调的是，画面白平衡的准确性并不是一个刻板的参数，要在充分考虑到当时画面感觉和我们拍摄目的等情况下进行判断后进行处理。

上图为表现燃烧蜡烛温暖感觉的画面。如果按照强调白平衡准确性的方式进行调整，色彩无疑会更加准确，但是温暖感也会随之消失，造成下图的情况出现。白平衡还是需要根据拍摄意图进行处理才对。

4-9

“修正”与“修饰”的关键点：

画面对比度调整

有时候我们会感觉自己拍摄出来的照片不够鲜明，基本上这都是因为画面的对比度不够而造成的问题。对于这样的照片，我们就需要在后期处理的时候，通过对对比度进行调整的方式提升照片的锐度，塑造出鲜明的印象。

▶▶ 要熟练地使用“曲线”功能

一般来说，对比度调整要使用“曲线”调节功能进行比较自由的调整。刚开始使用的时候，可能会因为不熟悉这一工具，难以搞清楚如何操作才能取得理想的效果，需要慢慢的适应，然后逐渐形成适合自己的一条调整方式。

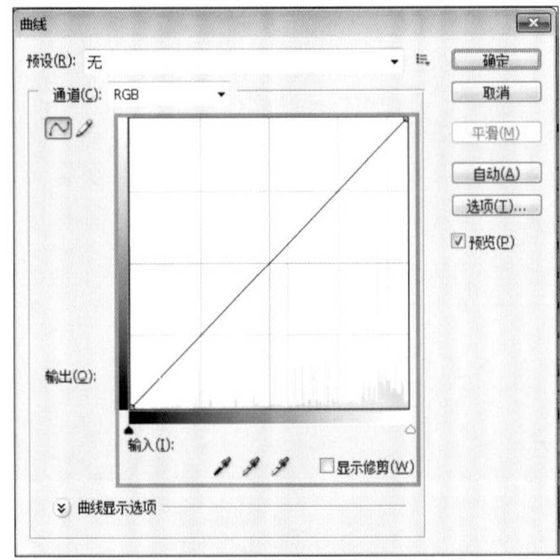

图为Photoshop CS3的曲线对话菜单。功能菜单中有一个向右上方倾斜的曲线，随着操作者对曲线进行变换，可以改变画面的明暗程度。

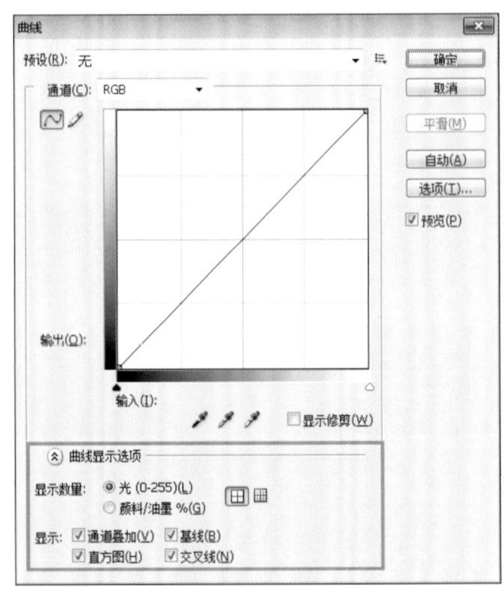

在Photoshop CS3的曲线对话框下部有一个详尽的“曲线显示选项”菜单，能够进行相应的设定，如选择在图形中显示相应的直方图等，相当直观和便利。

尝试进行实际的调整

一般来说，调整画面的对比度可以分为加大对比度和减少对比度两种相反的方向。在使用曲线进行调节的时候，需要具备相应的技术，对特定的区域进行调节来完成修正工作。我们在此为大家通过一组照片，介绍一下曲线工具的基本使用技巧。以这些基础教程作为参考，在此基础上加以具体细致的调整，一起来制作出理想中的效果吧。

原图

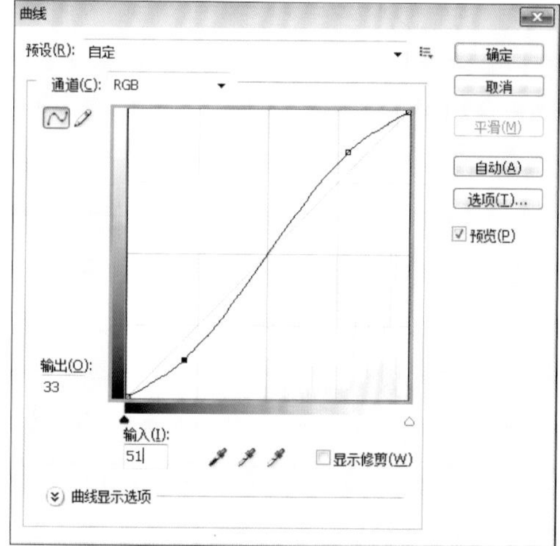

强化对比度的情况。与原图相比，暗部更暗，而亮部更亮。如果将曲线调整为S形，就会产生如此强化的对比度效果。另外，通过对对比度节点的位置进行调整，还能对中间色部分加以调整。

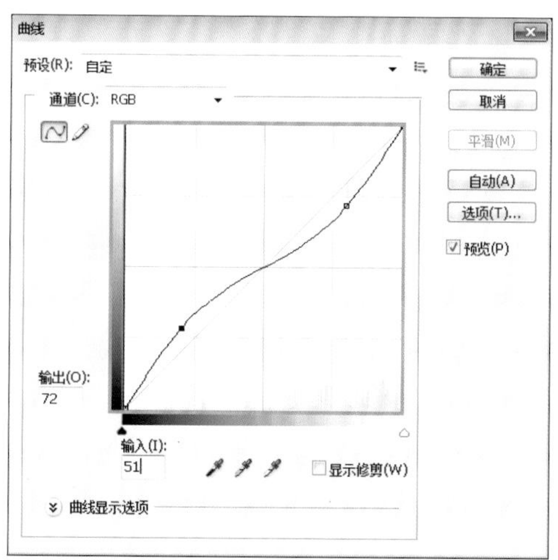

减弱对比度的情况，将曲线调整为反S形状。这样能使暗部更亮而亮部亮度减弱，使整体的对比度下降，制作出柔和的画面。

4-10

"修正"与"修饰"的关键点：

对特定区域进行调整

调整对比度和白平衡时，有时我们只需要对画面的特定区域进行处理。而这时我们需要使用"范围选择"和"蒙版"两种功能。

▶▶ 有效使用范围选择工具和蒙版能够大幅提高操作的自由度

在使用图像处理软件进行画面调整时，我们经常会希望能够对特定的一部分画面进行处理。这里我们就要首先确定一定的选择范围。这是一种能够限定处理效果范围的功能，使用这种功能能够在特定的区域内对画面进行自由的变换和处理。也是一种自由度很高的功能，能按照使用者的要求对部分画面的浓淡或者轮廓的清晰度等各种数值进行处理。

另外，与范围选择操作相似，软件的"蒙版"功能也能够进行相应的选择处理。一般来说，使用范围选择后，该选区将会自动解除，但是蒙版功能却具备了储存功能，能够对保存好的蒙版选取，进行多次反复操作。

如果能够熟练掌握这些功能，便可以实现对同一画面的不同位置进行不同的处理。

范围选择

图为Photoshop CS3软件的"矩形选区"的制作功能示意。使用这一功能可以再虚线围绕而成的长方形区域中对图像进行自由的处理。在范围选择选项中，有着多个不同的选取制作工具，可以根据自己的需要进行选择，制作相应的选区。

蒙版

很多情况下，可以通过蒙版对Photoshop CS3的色彩面板功能进行选择和处理。通过蒙版，我们可以对特定色彩面板选区的色彩进行效果的追加。对画面的特定色彩面板进行色彩修正时，追加蒙版的操作如左下图所示，而右下图则显示了相应的图层菜单。如图所示，原本画面中白色的花朵被处理成了淡蓝色。

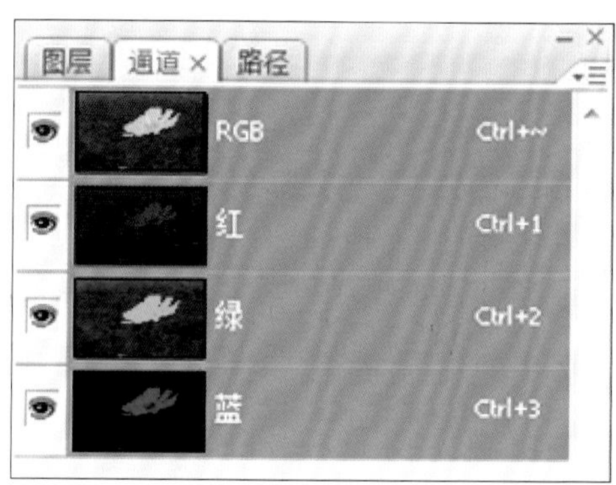

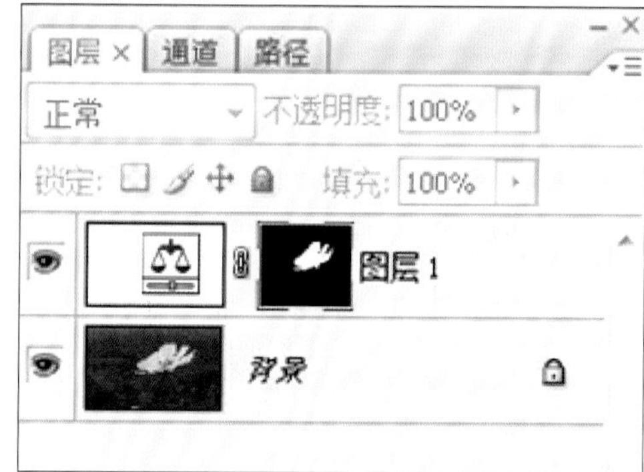

另外，不管是使用范围选择还是蒙版功能，都可以根据需要设置相应的羽化值（模糊范围）。但是，在使用选区工具的时候，羽化范围不太直观。如果使用蒙版就能够比较清晰地观察设定羽化范围，所以比较推荐使用。另外，如果将选择范围作为蒙版，可以进行保存和再次使用。所以，在选择比较复杂的选区的时候，推荐将其制成蒙版。

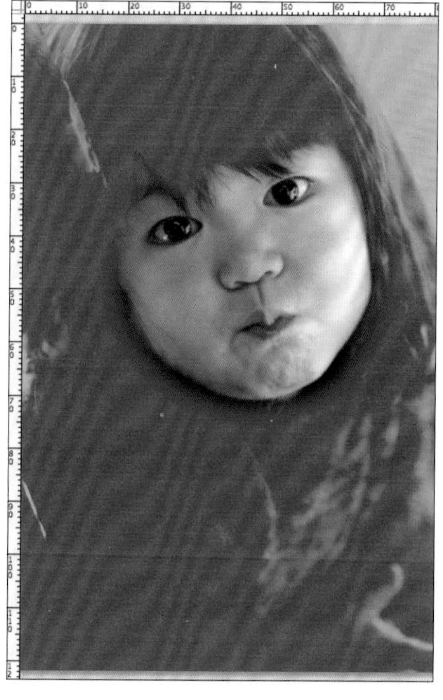

4-11

“修正”与“修饰”的关键点：

偏色（色彩平衡）调节

一般来说，图像的色温问题比较容易被人眼轻易的识别。但是与此不同，有时图像会因为某些颜色色相的偏差而造成无法准确再现景物本身的色彩，这一问题被称为“偏色（色彩平衡混论）”。特别是在肖像摄影中，偏色会使拍摄出来的人像令人感到不自然。所以，色彩平衡（偏色）调整也是一项基本的后期处理技术。

▶▶ 对色彩感觉进行微调

与色温问题相比，色彩平衡的混乱是一种不易被人眼发现的比较细微的色彩问题，甚至最终取决于拍摄者个人的主观喜好。在调整过程中，观察者的主观感受十分重要，可以说主观感受是决定最终调整状态的最重要因素。

在Photoshop CS3中，配备有专门对偏色问题进行精细化处理的“色彩平衡”功能选项。由于偏色问题涉及到亮部、暗部以及中间色部分等多个色彩领域，所以要合理使用范围选择工具和蒙版工具，针对不同的位置，按照修止的目的分别进行操作处理。

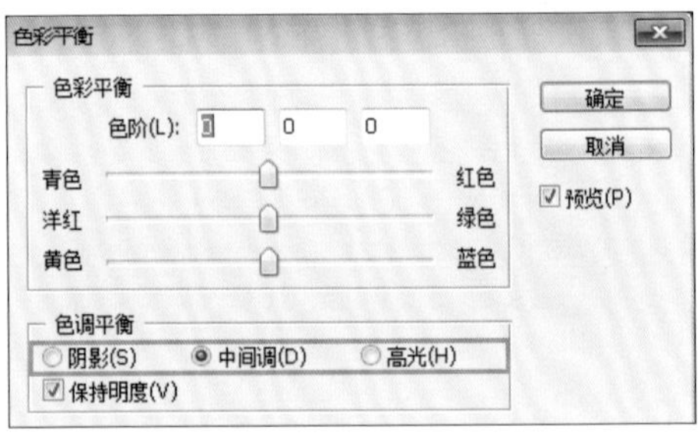

图为Photoshop CS3的“色彩平衡”功能菜单，对话框中的高光、阴影和中间色选项能够按照操作者的意图对偏色进行细致的处理。

在整体偏蓝色的环境中所拍摄的照片（左图），皮肤的颜色会呈现出过度偏红的状态。为了能够更加自然地表现出图像原本的色彩，通过色彩平衡调整得到右侧的图像。在处理过程中，通过色彩平衡调节工具为肤色增加黄色成分，使其恢复到自然地状态。

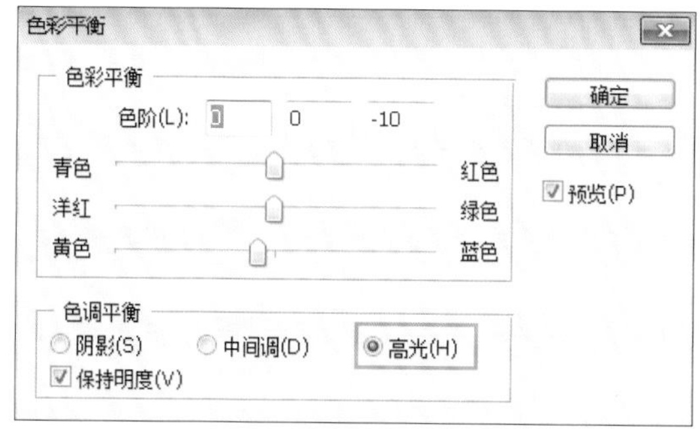

图为根据拍摄者自身的印象，通过后期处理对画面的偏色进行强调的案例。在原图中，樱花的色彩并没有如人们普遍印象中那样鲜艳（上图），而通过调整后，我们得到下图中与人们印象相一致且带有浓郁樱花色彩的图像。

第四章

4-12

“修正”与“修饰”的关键点：

锐度调整

在电脑的显示器上观察拍摄的照片，有时难免会对对焦焦点的清晰程度感到不满意。如果想要将照片作为其他用途加以利用，对于照片锐度的要求也就更高了。当然，在数码相机中我们可以对拍摄的锐度进行预先设定。那么，如何通过后期处理提高图像的锐度呢？

▶▶ 根据实际需要设置最适合的锐度

在对照片的锐度进行调整时，要根据照片使用的用途对修正的强度进行设置。例如，如果所处理的照片是适用于商业印刷物上的，那么对其轮廓的清晰度一般要调整到在显示器上看得出边缘线的程度。这样处理后，在印刷为成品时，轮廓的部分会感觉最为自然。

但是，如果采用这样的强度对照片进行处理后，在电脑显示器上观察照片时会令人感到轮廓过分清晰，甚至会使拍摄对象的轮廓变得污浊。如果照片要使用于网络展示，这样的处理显然不合适。

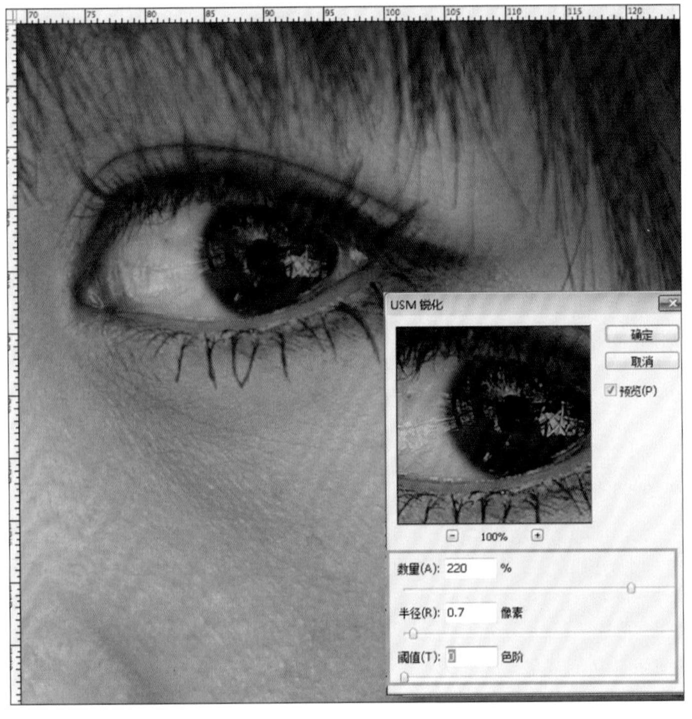

图为Photoshop CS3中的“USM锐化”对话框。“数量”选项决定照片的锐化量，也就是画面锐化的强度。“半径”决定锐化后从边缘开始向外影响多少像素。“阈值”决定边缘像素被滤镜锐化时，它与周围区域必须有大多的区别。可以通过对这三项进行调节，设定出理想的锐化值。此次操作对“数量”选项进行了大规模的调整，从图中预览画面中我们可以清晰地看到锐化程度与原图的差别。

▶▶ 在所有的修正作业完成后进行锐度调整

在RAW显像软件中，一般也配备有锐度调整功能，能够完成与Photoshop CS3相似的处理效果。使用RAW显像软件对RAW文件完成显像处理后，最后进行锐度处理。

如果准备将RAW文件作为素材，在Photoshop CS3等图像处理软件中进行此处理，我们建议在RAW显像软件中进行显像处理时不要调整锐度，因为如果对完成锐化后的图像进行二次后期处理，可能会使锐化部分看起来比较污浊，反而影响了整体画面的清晰度和锐度。

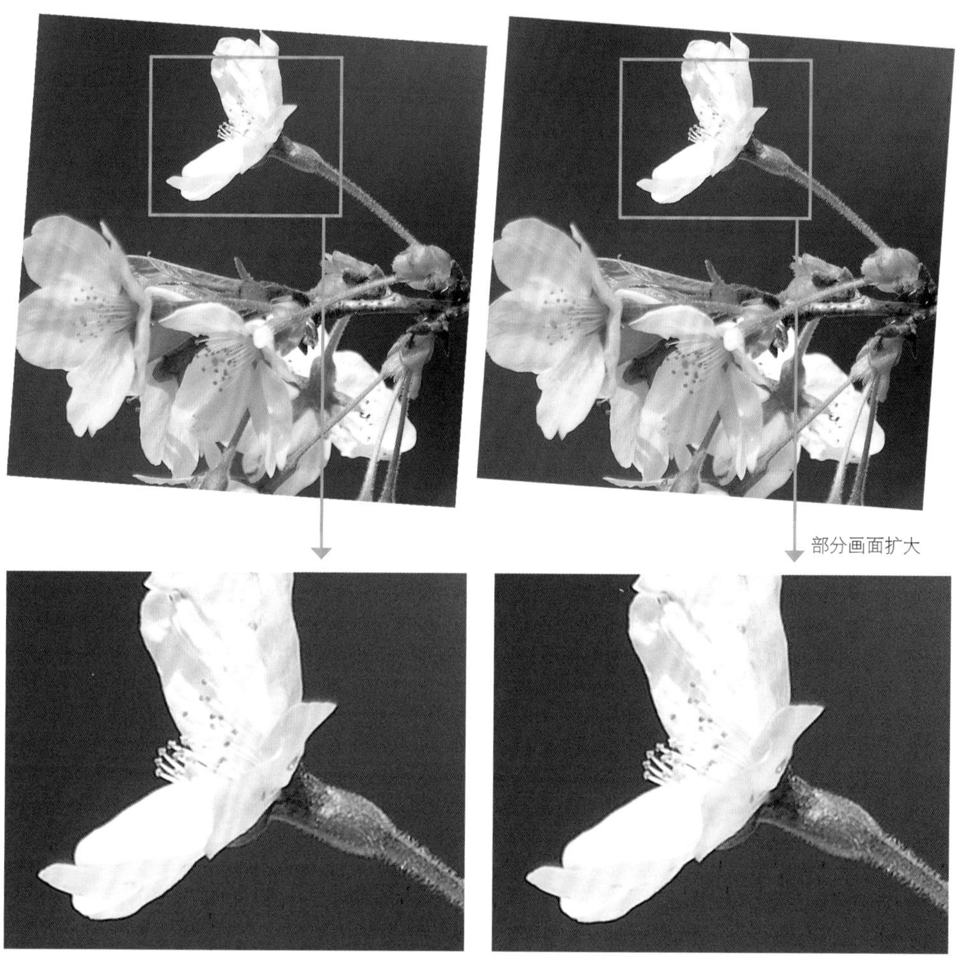

左侧画面为进行图像旋转后再调整锐度的画面，而右侧则相反，在对图像进行锐化操作后再进行旋转。明显可以看到，右侧的画面由于锐化后进行了旋转，造成其噪点大幅度的增加，画面反而感觉不如原图清晰。虽然不同的工具操作后的影响程度有大有小，但是基本上锐化后对画面进行修正操作都会造成画质的损失。所以，一般我们会建议将锐化作为后期处理的最后一步。

5-12

高级篇

“修正”与“修饰”的关键点：

保持画面清晰的条件下调整画面锐度

一般来说，直接使用图像处理软件的锐度处理工具就可以十分便利地完成画面锐度的调节。但是，有时候会因为用途和目的的要求，需要在尽可能不降低画面画质的情况下进行锐度调节。这时候，我们就要根据本章所介绍的方法，花费一定的时间，通过功能组合的方式完成操作。

▶▶ 在“Lab模式”下进行调整

在对画面进行锐度强调的时候，会因为处理的程度或者拍摄对象本身的情况等原因造成其轮廓部分色彩出现偏差。为了防止这一问题的出现，更加准确有效地对画面进行锐化处理，可以使用Photoshop CS3中一个非常方便的功能，Lab色彩模式。

一般来说，照片通常是根据R（红色）G（绿色）B（蓝色）三原色系统（色彩通道）来构成最终画面色彩的。而Lab模式则是将画面颜色分解为“明度”和A、B两个通道进行标示。在这种模式下对画面进行处理，可以仅仅选取明度选项，从而在不影响画面色彩的情况下对图像进行锐度处理，避免出现上文所述的轮廓偏色等问题。

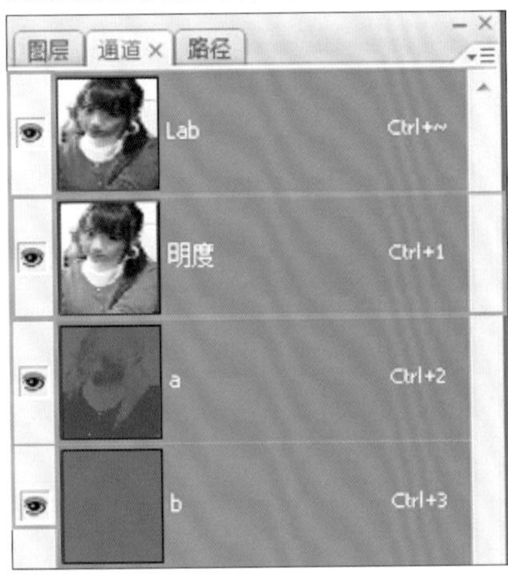

在“模式”菜单中找到“Lab颜色”选项，打开“通道”模板对话框后，选择“明度”通道作为唯一的调整对象。然后，便可以一边观察缩略图中的画面锐度变化情况一边进行处理。在处理完成后，重新点击其他通道前面的眼睛标志重新返回合成状态。

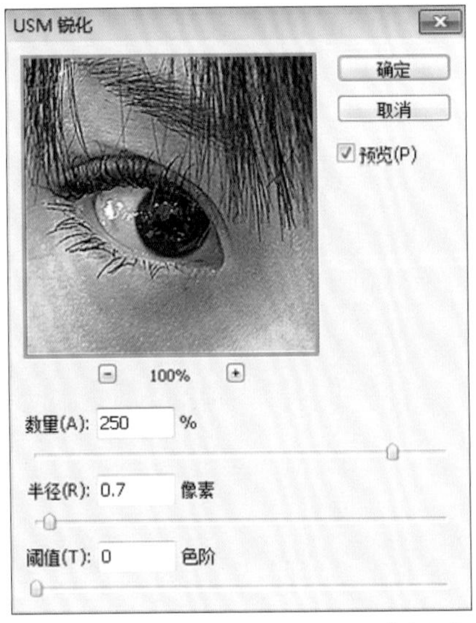

在“USM锐化”菜单中对“明度”通道进行调整的对话框。由于仅仅将明度作为处理对象，我们可以直接在预览图中看到一幅显示灰度的画面。

▶▶ 使用“蒙版”限定操作区域

如果是处理人像摄影作品，我们一般希望处理完成后的作品“眼部线条清晰，而皮肤光滑细腻”的效果。这时我们可以使用蒙版工具，对不希望处理的部分进行覆盖，对希望进行锐化的部分与不进行处理的部分进行区分，之后便可以制作出高质量的理想画面。

如图所示，对不需要进行处理的部分用蒙版加以覆盖。

通过蒙版对不同的位置进行覆盖后，可以有效地对眼睛、头发等不同的位置分别进行锐化处理。

失焦的图像能否修正?

我们在平时的拍摄中偶尔也会出现焦点没有对准的情况。在较为灰暗的环境中拍照就更容易出现失焦的情况。很多人认为能够通过后期处理的方式对失焦的数码照片进行修正，事实真是如此吗?

基本上来说，失焦的问题无法通过后期处理解决

很多人会认为，既然Photoshop中有将画面轮廓进行模糊处理的模糊工具，那么也应该有将模糊的边缘锐化，比如使用锐化工具令其更加清晰的方式。实际上，Photoshop无法对失焦的画面进行本质的改善。

也不是说完全不能对失焦的问题进行改善，在限定范围内还是可以进行调整的。但是，这也只能给人以更加锐利的感觉，不能改变其本质。

可以说，对焦终究是数码拍照的首要问题。

失焦的照片（左侧）与通过锐化工具处理的照片（右侧）的对比，虽然画面令人感觉更加锐利，但是损失的细节却无法复原。

如果缩小后使用，可以实现锐度的提升

除了使用锐化工具可以适当解决画面的失焦问题以外，也可以通过其他的特殊方式实现这一目标，比如缩小画面。

你是不是也有过类似的经历，在相机显示屏或电脑屏幕上进行画面浏览时觉得画面不错，但是放大到原始大小后才发现照片失焦了，同样，印刷时也会有类似的问题。反之，失焦的情况也会随着印刷和显示的比例而得到改善。

但是，缩放的效果会受限于画面本身的像素、使用的大小以及失焦的程度三个要素。所以，能否达到你想要的效果，需要亲手尝试。这是在万不得已的时候使用的补救措施。

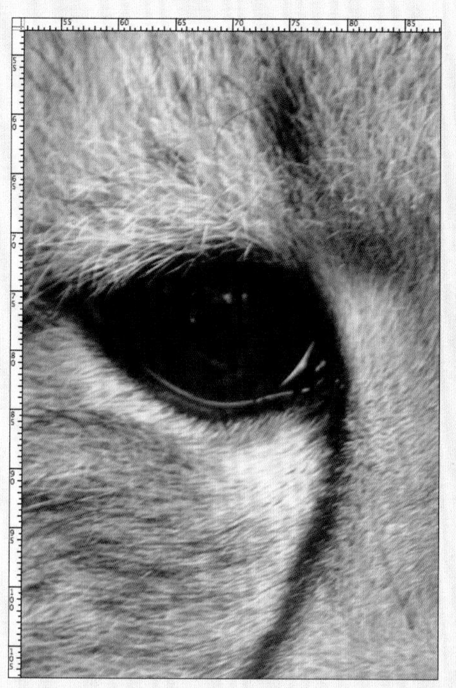

100%的比例显示可以清楚的显示焦点失焦的图片（左侧）与缩小后完全显示不出失焦的画面（右侧）。打印的画面缩小后也会出现相似的效果，也可能因此而打印出锐利的画面。

缩放照片文件

使用缩放照片文件的方式处理照片也是一种处理失真照片的方法。在Photoshop cs3中有多种缩放照片文件的方法，其中包括了凸显锐度的模式。通过这种方式缩放图片文件，能够将图片缩小的同时凸显照片的锐度。在缩放到你所使用的照片大小后，可以配合使用其他相关的工具进行调整。

当然，这一方法也不是万能的，但由于使用较为简便，可以通过多次尝试寻找确认。

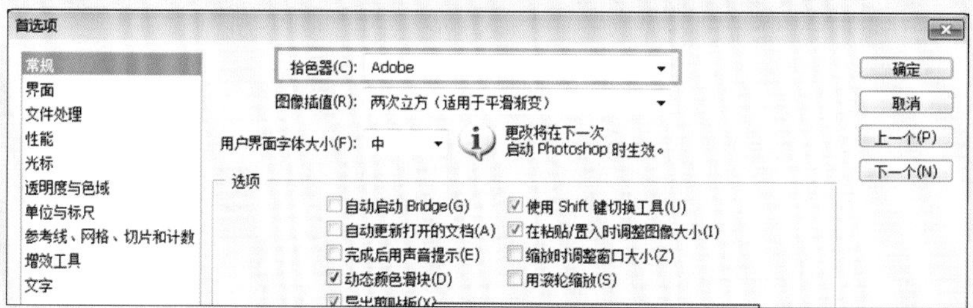

在Photoshop的环境设定的“画面修正方式”中，选择合适的缩放图片文件的方式。使用这种方式将图片缩放至适当大小，然后使用“锐度”“蒙版”等工具进行处理，能够进一步强调画面的焦点。

4-14

"修正"与"修饰"的关键点：

调整照片大小

在选用照片的时候，我们有时候需要的照片大小与原本拍摄出的大小不尽相同。通过调整画面大小的操作，我们可以将画面处理为最合适的尺寸。在保证尽可能不损失画面画质的情况下，有效地进行大小调整的关键点是什么?

▶▶ 循序渐进，不要试图一次就剪裁到你理想的大小

调整图像大小的时候，最重要的原则是不要操之过急，应循序渐进地进行图像的裁剪。一般来说，可以采取每次调整目标大小30%的程度进行反复操作，最终裁剪出理想的画面。这样的方法，有助于在最大程度上减少该操作对画面细节的影响，最大程度的避免画质的损失。

但是，对于那些不要求画质细节的图片来说，在针对特殊对象和目的时，可以采取一步到位的方式，避免反复操作。针对不同的情况采取不同的方法，可以说也是调整画面大小的要点之一。

▶▶ 正确使用Photoshop的图像调整功能

Photoshop CS3中配置了多种画面调整方式，比如放大图像、缩小图像等。在采用多次反复调整的方式进行扩大、缩小操作或者是扩大缩小的倍率较大的情况下，要首先对图像调整模式进行正确的预设，获得质量尽可能高的画质。

①

②

③

调整大小的方式不同也会影响画面质量

上面三张照片依次是：

1. 采用“二次立方平滑-锐利”方式进行分阶段缩小至原画面50%。
2. 采用“二次立方平滑-锐利”方式进行一次性缩小至原画面50%。
3. 采用“二次立方平滑”方式进行一次性缩小至原画面50%。

在本书印刷出来的画面中可能差别不大，画面细节的表现程度按照1、2、3的顺序递减。扩大、缩小的比例越大，该差别便会越大，这时候千万不要忘记进行适当的设置，分阶段进行作业。

4-15

高级篇

“修正”与“修饰”的关键点：

制作HDR图像

人类的视觉可以识别的明暗程度通常会超过数码相机能够扑捉的范围，因此数码相机所拍摄出的相片在一定的程度上会对画面的高光或暗部的细节造成损失。如果想要找回这些“丢失的细节”，我们就要通过制成“HDR”图像来实现。

▶▶ 对多幅照片的“优点”进行合成

所谓的“HDR”，是高动态范围成像（英语：High Dynamic Range Imaging）的缩写，是用来实现比普通数位图像技术更大曝光动态范围（即更大的明暗差别）的一组技术。高动态范围成像的目的就是要正确地表示真实世界中从太阳光直射到最暗处阴影的大范围的亮度。

制作HDR图像的过程是从摄影时就开始的。使用三脚架等固定设备对相机进行固定，然后多次改变曝光度后进行多次拍摄。这样，高曝光度照片中阴暗面部分将会损失一定的细节，同样，低曝光度照片亮部也会有所缺失。然后，我们通过对这些照片中各自清晰的位置进行补偿，合成理想中的画面。

看到如上的描述，或许你会觉得有些复杂。但其实现在有很多软件都具备了专门合成HDR图像的功能。在我们常用的Photoshop CS3中就设置了专门处理HDR图像的功能模块，使用该软件便可以十分便利地对这种图像自动进行轻松的合成。

▶▶ HDR图像与普通照片的区别

与普通的相片相比，HDR图像可以实现从亮部到暗部都具备清晰的细节。通常我们拍摄的照片因为受到感光度范围的局限，导致曝光度过高而造成暗部细节的损失或者曝光度设置较低损失亮部细节。总之，普通照片无法同时兼顾高光和暗部的细节，而HDR图像则可以处理这一问题。

Photoshop CS3中所配备的“HDR Pro合成”组件。

小贴士

HDR图像合成软件“Photomatrix Pro”

通常制作HDR图像需要拍摄多幅不同感光度的图像，有不少人都认为这样的方式费时费力。而使用Photomatrix便可以省去这些复杂的步骤，直接完成HDR图像合成。Photomatix是一款数字照片处理软件，用来处理同一场景下不同曝光设置的照片，能把多个不同曝光的照片混合成一张照片，并保持高光和阴影区的细节。通过软件中详细功能设定的调节，还可以合成自然风格的照片或绘画风格的照片，十分便利。

Photomatrix Pro的操作画面。可以根据不同的需要，对于高光和暗部进行详细的设定。

5-16

"修正"与"修饰"的关键点:

提高肖像的感染力

对于人像摄影来说，最为重要的是在拍摄时根据现场照明情况进行合理设置，但有时通过后期处理也能够在很大程度上增加画面的感染力，制作出令人印象深刻的画面。那么，如何进行操作才能够制作出令人印象深刻的画面呢?

▶▶ 只要对眼白和牙齿的颜色进行调整就能有效改善画面感染力

很多人都认为人像摄影的后期处理是非常复杂的。的确，想要制作出最为符合人们期望的画像，后期制作还是复杂的。但是，仅仅通过2、3个要点的调整，也可以大幅提高画面的生动程度和感染力。这种操作过程也十分简便，可以轻松使你的作品接近大师的水平。

大幅提高画面的感染力的要点有以下三个：

・眼睛。

・牙齿。

・肌肤的透明度。

对眼睛来说，最重要的是提高眼白白色的程度。如果需要的话，还可以将黑眼珠尽量放大。牙齿也要尽量的增白。

强调皮肤的透明度，主要应用在以女性为拍摄对象的情况，适当增加画面的明度能够大幅提高皮肤的透明感。

很多时候，我们都会因为后期处理过程过于繁复而半途而废，但是如果你能够按照这里所介绍的三个要点进行处理，便可以避免这种情况的发生。仅仅进行这些处理的话，也不会担心对原始画面进行大幅的改变。

对于高手来说，可以利用明暗曲线工具直接调整画面的亮度，在这里我们介绍的是使用"亮度/对比度"对话框来进行简单处理的方法，这种方法也能够令肌肤焕发你想要的光泽。

在“色相/饱和度”的调整图层中使用蒙版，将头发等不适合调亮的部分加以覆盖（如图所示），通过改变蒙版的浓度，对不同的位置进行覆盖，在调亮肤色的同时也可以对画面背景部分进行适当的调整。

可以看到，图中眼白的部分过白。使用色彩平衡中高光的项目对其进行修正。由于略显黄色，所以调整中增加了蓝色，以凸显白色。如果能看到牙齿，也可以用相似的方法处理。

原照片（左侧）与处理后的照片（右侧）的对比，可以看出调整后画面的透明感十分明显。

4-17

高级篇

“修正”与“修饰”的关键点：

为照片化妆

在拍摄女性的人物照片时，拍摄后常常会感觉画面不够生动。我们可以通过后期处理为画面进行“化妆”。这时我们可以参考女性时尚杂志中真正的女性妆容，并结合这里介绍的技巧进行操作。

▶▶ 注意色彩的浓度不要过度

在为照片中的女性进行化妆时，必须提前加以注意的是色彩的浓度不要过度，这在真正的化妆中也是如此。我们的目标不是演出妆，也不是晚宴妆，所以要保持自然的状态。

实际操作时，可以针对口红、腮红、眼妆等各个部分独立制作图层。这样即使某一部分操作出现失败，也可以简单进行恢复。另外，分别建立图层还可以在最终进行浓度调整时分别调整图层的透明度和色彩浓淡，十分便捷。

如果你想画出特殊的效果，可以不去参考化妆的标准，而是利用涂鸦的方式进行自由的操作。

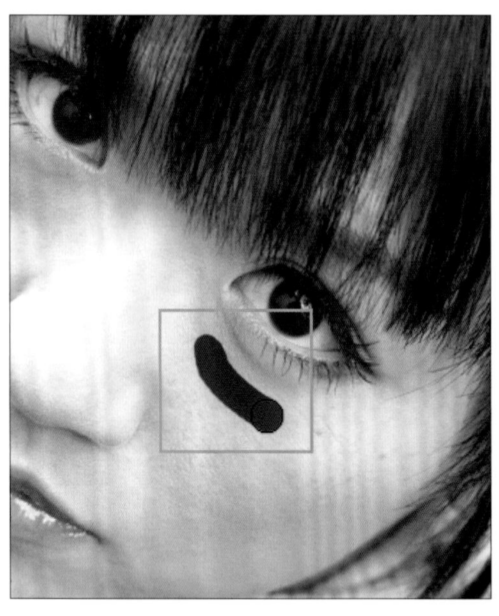

首先要处理的是眼睛下方暗沉部分，选择“污点修复笔刷”进行暗沉消除。在不具备该功能的软件中可以使用“印章”工具进行处理。

接着要在脸颊上涂腮红。在制作好的图层中选择合适的色彩，在绘图模式中通过色彩选项进行设定。使用笔刷自然地在肌肤上涂抹，只需要涂抹到颜色浓度与理想中接近即可。最后可以通过调整图层的透明度进行处理。在本图中，为了看上去更明显，我们涂抹的颜色较浓。

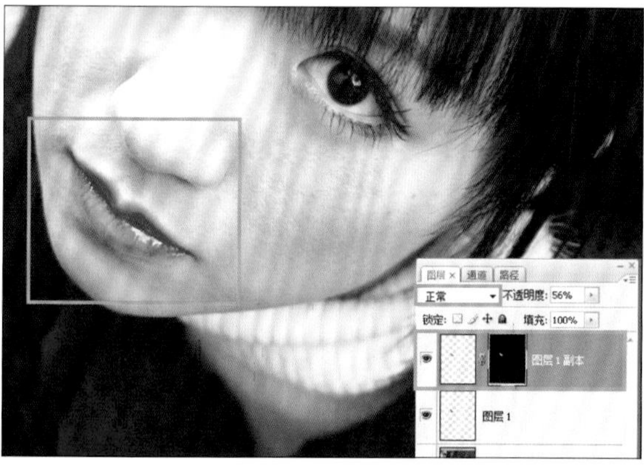

加深口红的颜色会使图像更加鲜明。为了不影响到肌肤的颜色，首先使用蒙板工具对嘴唇以外的部分进行覆盖，可以避免颜色涂到其他部分。可以通过绘图模式对色调进行细致的调整，以达到理想效果。

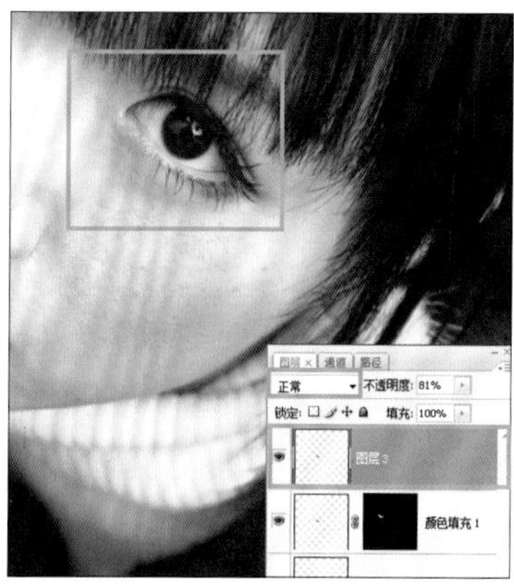

最后是对眼睛的部分进行处理。使用图层菜单中的绘图模式进行处理时，需要注意的仍然是不要涂得过浓。

第四章

原照片（左）与处理后的照片（右）。经过简单的调整便使画面中的人物给人的印象更加鲜明。

4-18

“修正”与“修饰”的关键点：

对季节感进行强调1

夏天的晴空、秋天的红叶，很多时候我们都希望将这些绚丽的色彩在画面中留存下来。但是，在我们拍摄的照片中，有时不能充分表现出当时给我们留下的强烈印象。这时我们就要采取后期处理的手段，让画面尽可能接近我们记忆中的美感。

▶▶ 修饰出记忆中的色彩

人们眼中和记忆中留下的风景有时会比实际的风景更加美丽，这种“记忆中的颜色比当时看到的树木和天空更为鲜明”的现象通常被成为记忆色。所以，在我们观看照片时，往往不能够看到记忆中那么美丽的色彩。

这时候就需要通过后期处理使照片进一步接近记忆中美丽的颜色。这一操作最关键的要点是对画面色彩的饱和度进行调整，使画面颜色更加鲜艳。

但必须注意的是，如果对画面的饱和度过度调整，会使画面看上去不真实，画面色彩过于饱和也会造成画质下降。

这是一幅秋天红叶的写真，图中的红叶并不如我们记忆中那样鲜明，在此我们使用色彩调整工具使其尽可能接近记忆色。选择图层菜单的色彩调整组件，调整“色相/饱和度”，将饱和度的光标向右端移动。画面的整体色彩便更加鲜艳了起来。

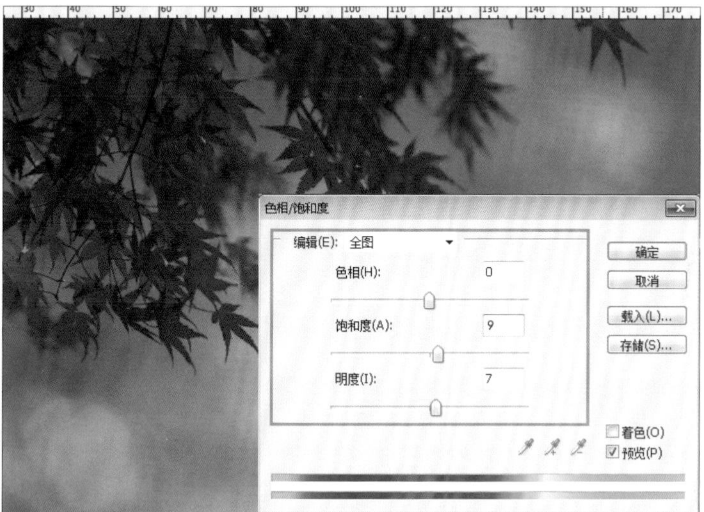

为了强调画面的明暗差别，通过调整“明度”光标，对画面的明度进行增加。

由于对画面的饱和度进行了正向调整，使部分红叶部分的饱和度过高，所以在处理时要选择“色相/饱和度”菜单中的“图层蒙板”，对过于饱和的部分进行覆盖处理。

与左侧的原照片相比，右侧经过后期处理的图片更能够表现出记忆中色彩浓郁的红叶的印象。经过以上简单的处理，便得到了一幅与记忆中印象相似的完美写真。

第四章

4-19

高级篇

"修正"与"修饰"的关键点：

对季节感进行强调2

制作出与记忆色相近的画面色彩，要点是对饱和度进行调整。但有时仅仅调整饱和度并不能制作出理想的画面，这时我们还能采取怎样的手段呢?

▶▶ 有效控制色调

比如，我们在处理夏日晴空的照片时，常常会觉得晴空的颜色不如我们记忆中那样湛蓝，有时会呈现出偏黄色或偏紫色的情况，这将会使我们照片的感染力大打折扣。

这时，我们就需要对照片中蓝色天空中的黄色和红色部分进行调整，将其恢复到记忆中蓝天本来的颜色。

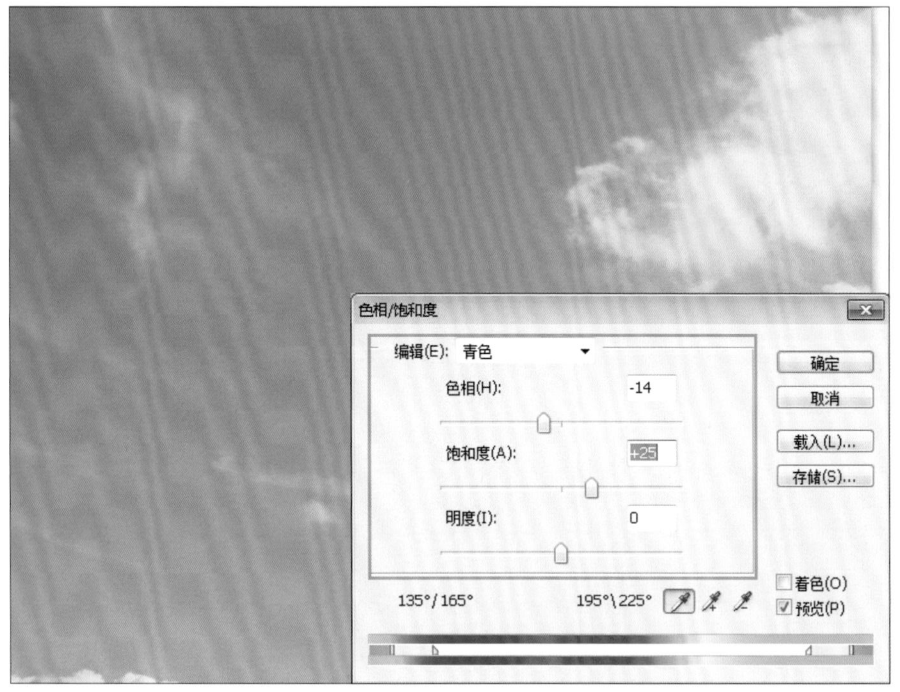

首先，我们来进一步强调天空的蓝色，在"色相/饱和度"的"编辑"中选择包含蓝天色彩的"青色系"和"蓝色系"进行处理，减少其黄色的成分，同时，增加青色的含量。

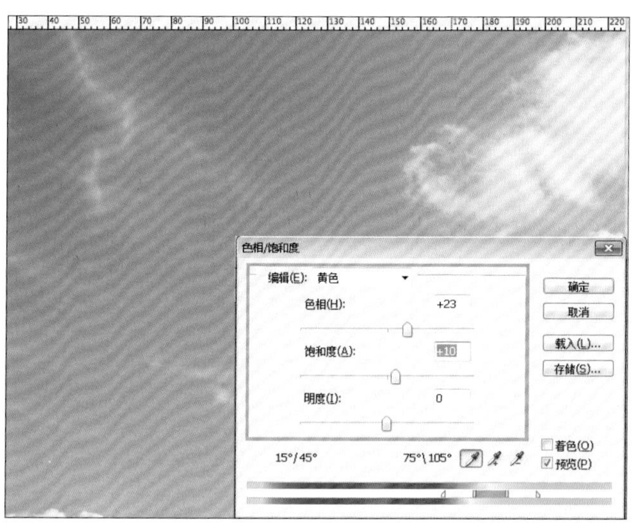

接着，调高画面整体的饱和度，使用“色相/饱和度”工具。经过这样的调整，不但天空颜色更蓝，草地的绿色也更加鲜艳，使画面整体呈现出一种生机勃勃的状态。

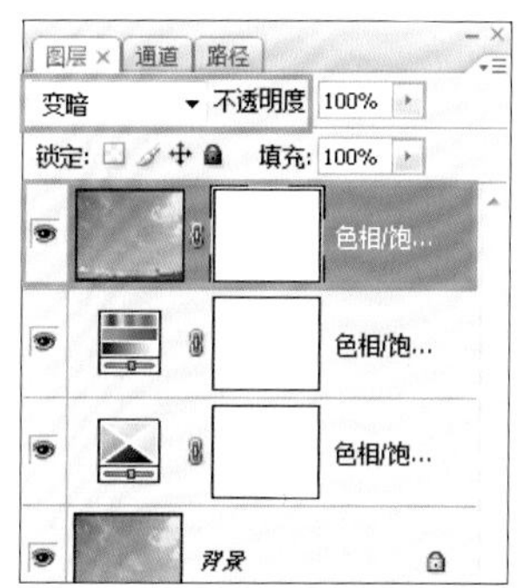

至今为止，我们已经塑造出了与春天或初夏相似的天空，如果想进一步制作出盛夏天空的景致，那么还要采取如下操作：首先要复制背景图层，然后选择绘图模式中的增值功能进行设定。但是，这一步操作会使草地的颜色变暗，可以提前使用图层蒙板对草地进行覆盖。

原照片（上）与处理后的照片（下）。很显然，我们通过后期处理制作出了印象中盛夏光景的照片。在很多时候，我们都会使用到类似本章中通过微妙的色相调整强化蓝天效果的操作。

第四章

4-20

“修正”与“修饰”的关键点:

将几张照片中的相关部分合成理想画面

我们经常可以看到很多街景照片都是空无一人的。但是，如何能够保证在拍摄时街上会空无一人呢？在这里，我们为大家介绍一种通过多张照片合成来达到这一效果的后期处理方法。

▶▶ 牢固固定照相机能使该操作更加容易

对于将多张照片加以合成的操作来说，最为重要的关键点就是必须保证画面中各个位置都能够恰到好处地重合在一起。如果我们使用手持拍照的方法拍摄，无论如何都会在两张照片的拍摄中发生一定的位置变化。如果出现这样的问题，则需要通过图像处理软件进行复杂的调整，显然会耗费大量的心力。为了避免这一问题，在拍摄中可以通过三脚架等设备对相机进行固定，这样便可以省去后期处理中的大量时间。

在集体照的摄影中也可以使用类似的方法。由于在集体照的摄影中，无法保证每个人的表情都合适，难免会出现表情扭曲或者不看镜头的情况，通过这样的方法进行照片的合成，可以将每个人最好的表情进行组合，制作出每个人都满意的效果。

打开需要处理的一组照片，将其中一张照片作为另一张照片的一个图层打开。如果在拍摄时没有采取固定相机的方法，就要对画面进行调整，使其充分重合。

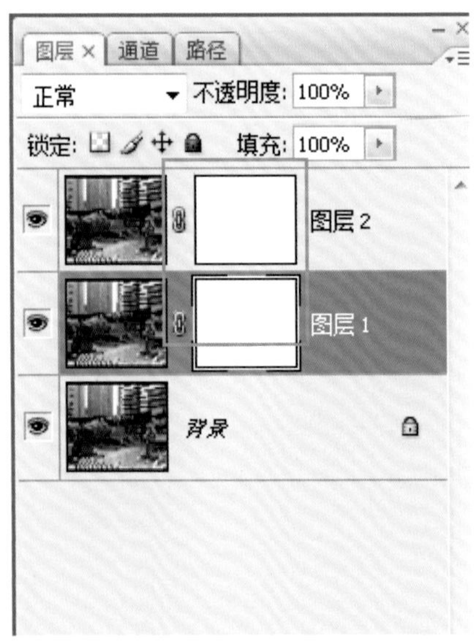

在完成重合处理后，将所有的图层制作成图层蒙版。

在Photoshop软件中可以直接通过“差值绝对值”选项，将需要移动的图片的颜色消除，然后通过鼠标进行调整，直到相关部分完全重合（上图）

而如果你使用的是其他没有这一功能的软件，可以采取将画面的色彩翻转，然后将移动图层的透明度调整为50%的办法加以确认，这时候，如果两者完全重合，那么将会呈现出灰色单色，十分明显（下图）

从最上面一个图层开始使用图层蒙版工具，逐一将需要消除的部分除去。这样可以使图像呈现出最佳效果。

在PHOTOSHOP中将图片自动对应叠加

将多张图片中理想的画面进行重合时，最为繁琐的工作就是将图片对应叠加，使用Photoshop可以实现将图片自动对应叠加。

这里要使用到Photoshop的Photo merge功能。

- 使用“layer”选项的自动设定功能。
- 在源文件上打开想要叠加的所有图片。
- 关闭选项内所有设定。
- 点击“ok”。

通过这个方法可以使画面实现精确的自动叠加

使用这种方法时，即使叠加的画面有一定的倾斜或者偏移，Photoshop也可以进行相应的调整。不但可以对使用三脚架拍摄的画面进行处理，对手持照相机拍摄的照片也可以处理，十分方便。

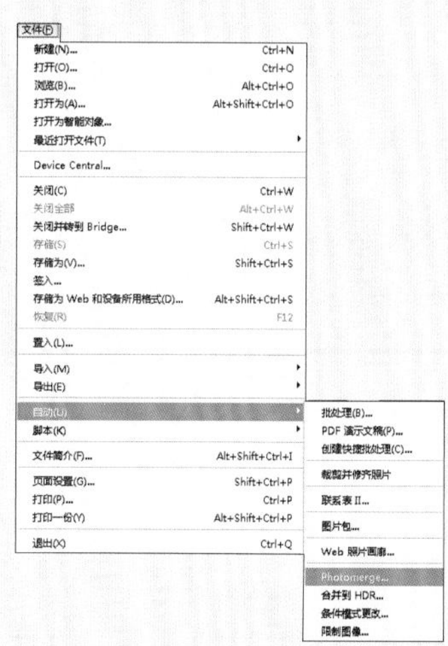

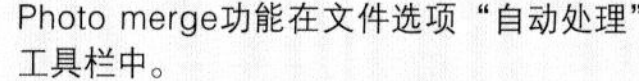
Photo merge功能在文件选项“自动处理”工具栏中。

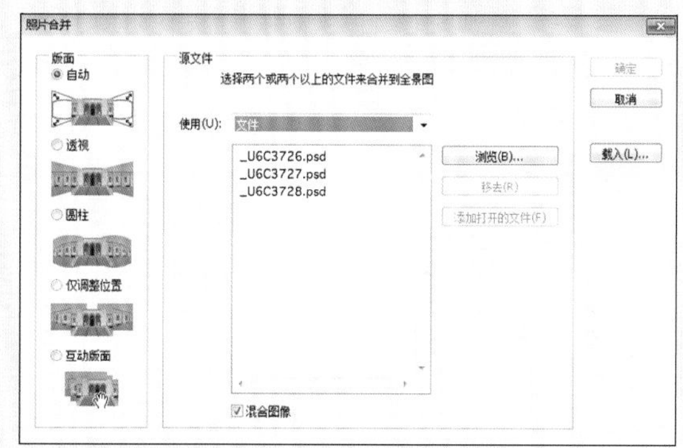

在源文件上打开想要叠加的所有图片，关闭选项内所有设定，最后点击“ok”完成操作，实现位置的自动叠加，十分便利。

4-21

“修正”与“修饰”的关键点：

修复照片的折痕

通常来说，即使数码相机所拍摄的照片出现了破损的情况，也可以通过重新打印进行修正。但是，胶片相机所拍摄的照片则可能因为负片或者正片不在手边而无法进行打印修正。这时，我们就要通过图像处理软件来对其进行修正了。

▶▶ 慎重进行修复

修复损坏照片的第一步是对损坏的照片进行扫描，使其重新数码化。由于后期处理需要对画面进行放大进行操作，在扫描时要尽可能使其扩大到最大的大小（高像素）。

修复时我们所使用的是“印章”工具。与前面提到的操作相似，我们需要在尽量靠近损坏位置的附近选择画面进行复制，然后拷贝到损坏位置加以覆盖。这是一个循序渐进、反复操作的过程，并不复杂。虽说是简单的重复操作，但是很多时候会因为毅力不足而出现半途而废的情况，或者因为操之过急而无法修复出完美的画面。所以，这项操作最关键的原则和技巧便是不放弃、循序渐进、慎重的操作。不要试图短时间内一次成型，可以分为多次进行处理。

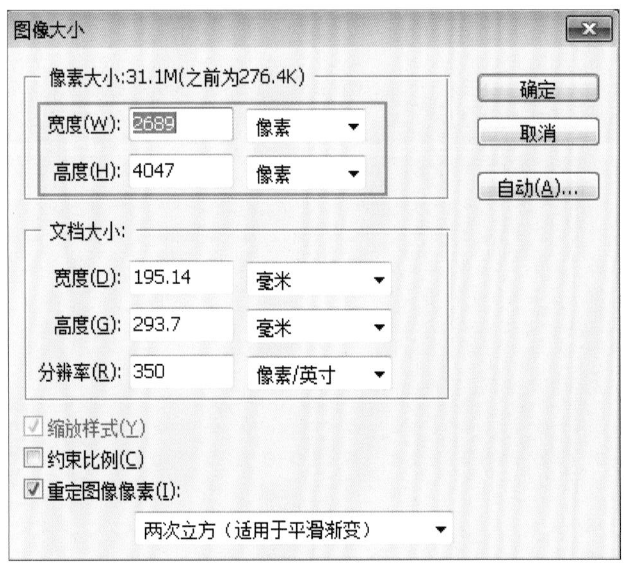

图中所示为扫描照片的像素数。为了能够进行精细化的修复操作，需要照片扫描的像素数达到3000~4000。

▶▶ 有时也需要一些胆量

对于质感和颜色比较平滑的位置，可以使用“修补”功能进行一次性的大范围处理。如此一来，可以首先大胆地将容易处理的大部分区域进行高效的修正。看着需要修复的区域大范围减少，心情也会变得平静起来。

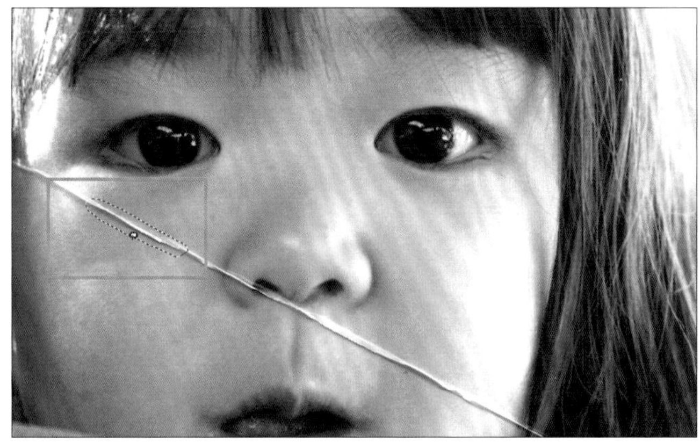

使用“修补”功能选定一部分需要修正的区域。不可一味求多求快，尽量选择那些质感和颜色比较均匀平滑的部分作为选区进行处理。

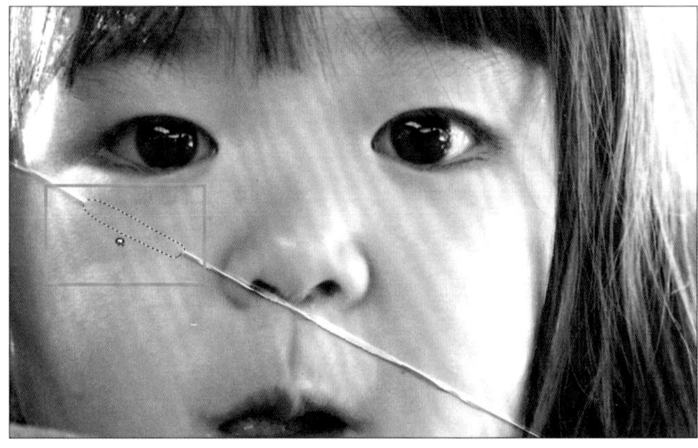

拖动选区，将其置于需要使用的位置进行采样。如果所选的位置距离修改位置过远，很可能会造成处理后的色彩和质感出现违和感，无法修复出比较自然的效果。所以仍然要选择尽量接近目标位置的图像。

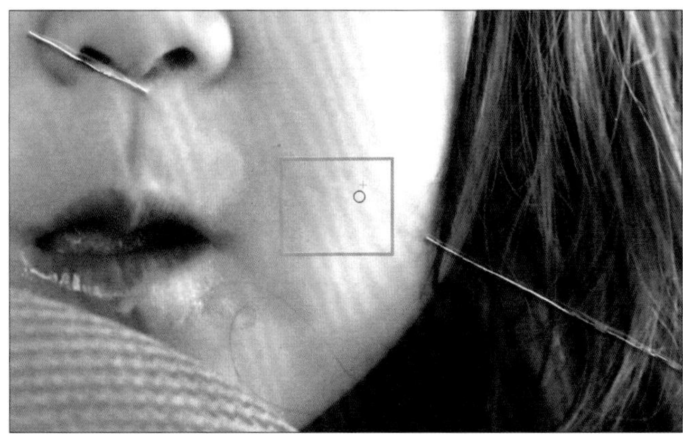

对于那些处理后不太自然的位置，要通过其他的工具进行加工。如果不自然的区域较多，那么就要重新选择印章工具进行操作了。

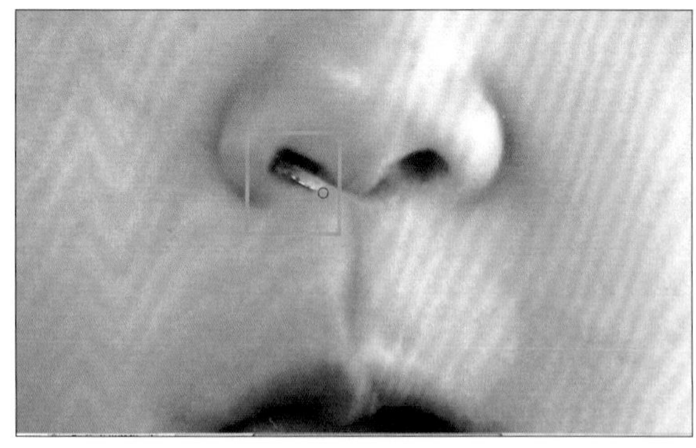

对于细节位置，在使用“印章”工具进行处理时，要将画面尽可能的扩大，用尽量小的笔刷进行修复。

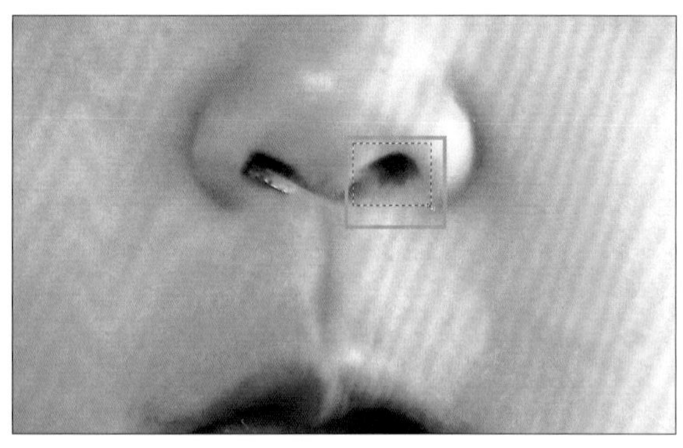

如果画面内有可以直接复制的相似位置，可以通过复制的方式进行处理。首先使用“选择”工具对需要使用的部分进行选择。

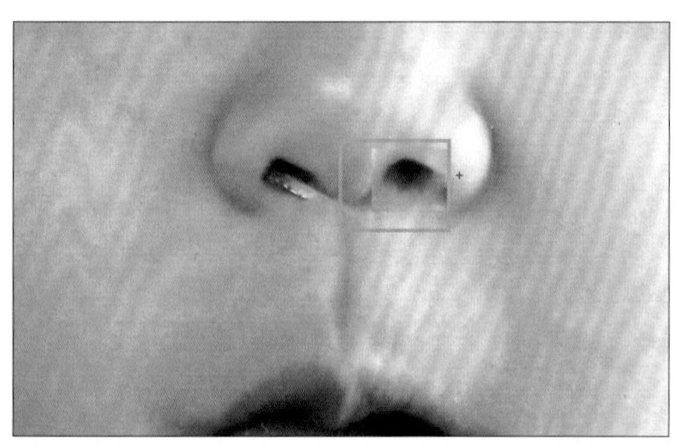

在使用Photoshop软件进行该操作的时候，由于可以将复制的画面直接保存为新图层，所以我们只要对画面直接进行水平翻转便可以了。对于那些不直接保存为新图层的软件，首先要制作一个新图层，然后将复制的图像粘贴入新图层后进行处理。

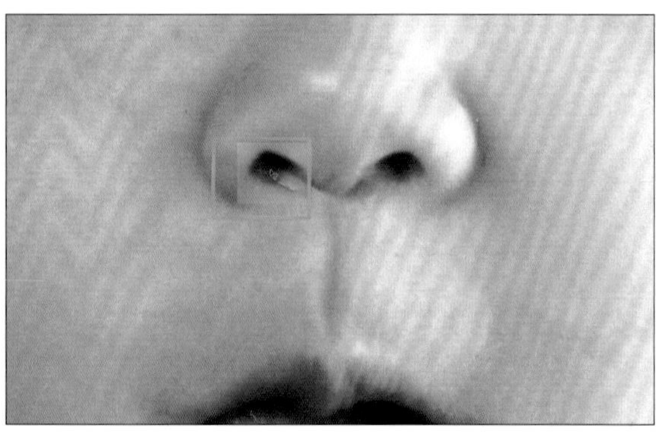

将该图层的透明度调整为50%，然后通过移动工具将其移动到需要使用的位置。

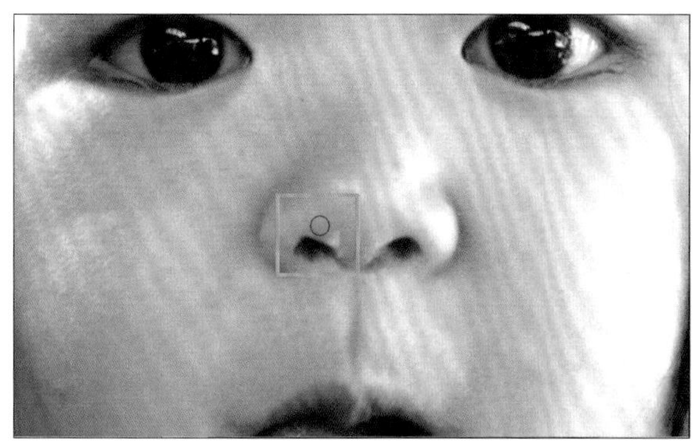

将图层的不透明度调整回原状，然后删除不需要的部分。对于不完善的位置再使用“印章”工具加以微调。

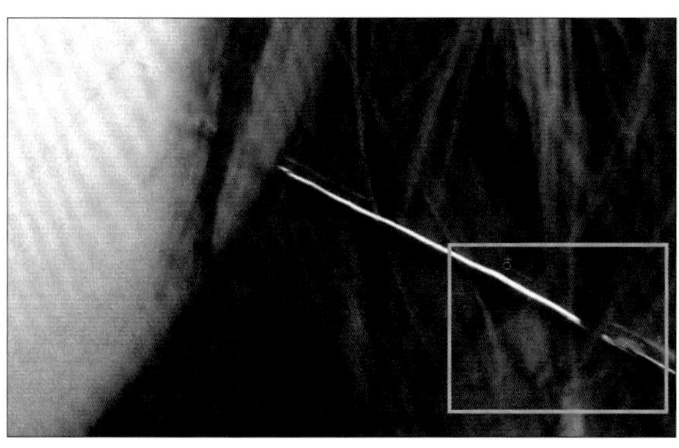

对于毛发等细节位置，将“印章”工具的笔刷大小调整至最小，进行逐步微调。每一次使用印章工具后，要重新选择采样区域的位置。

左侧为修正前的图像，而右侧则是修正后得到的画面。再次打印的时候，由于起初放大倍数较大且像素较高，可以对画面进行相应的缩小，这样能够更好的掩饰修复的痕迹。

4-22

"修正"与"修饰"的关键点:

为单色相片着色

与彩色照片相比，黑白单色照片有着独有的韵味。当对黑白照片进行染色后，又可以制作出另外一番风韵。同时，对照片进行着色的技术也可以应用于处理老照片上，你是否愿意跟我一起轻松学会对黑白单色照片进行着色的技术呢?

▶▶ 首先决定着色位置

在没有彩色照片的时代，对黑白照片进行着色后制作出形似彩色照片的效果是一种比较常见的方式。这样处理得到的照片有着自身特有的一种风格。但是，对画面整体进行着色是一件极其费时费力的工作。所以我认为，这项工作只适合那些时间充裕又具有毅力的人。但是，我们也可以花费比较少的心力和时间，仅仅通过对特定位置进行着色的方式得到非常有趣的作品。

先不管照片的内容，我们要选择在构图方面比较简单的照片进行尝试。这样的画面有助于观察者对制作出来的照片效果有一个较为直观的感知。不论是整体着色还是部分着色，都可以按照相似的原则对图像进行选择。

肖像作品是一种能够通过部分着色对整体印象产生巨大转变的素材。我们在这里选取的是对照片中毛衣部分进行局部着色。在"调整"选项中选择"色彩平衡"选项，通过调整使该位置的色彩达到理想中的效果。在这里对整个画面进行着色也没有问题。

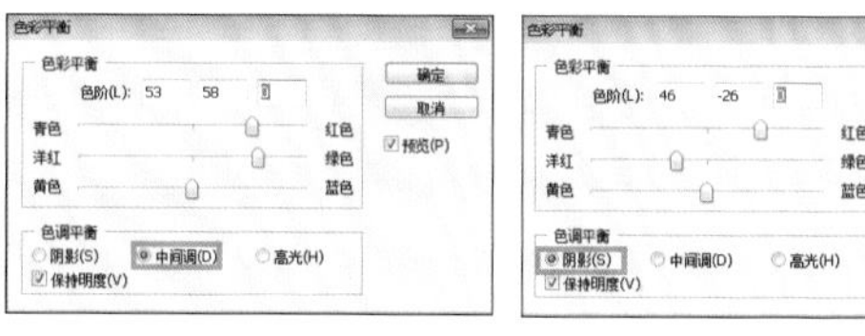

色彩平衡的色调调整中，有高光、阴影和中间调三个调整选项。可以同时对这里的三个选项进行逐步的调整，以寻找最为满意、自然的色调加以选择。

在完成整体着色之后，打开图层菜单，在整个图像上设置“色彩平衡”调整图层，我们立刻会看到刚才进行的所有着色全部消失不见。

第四章

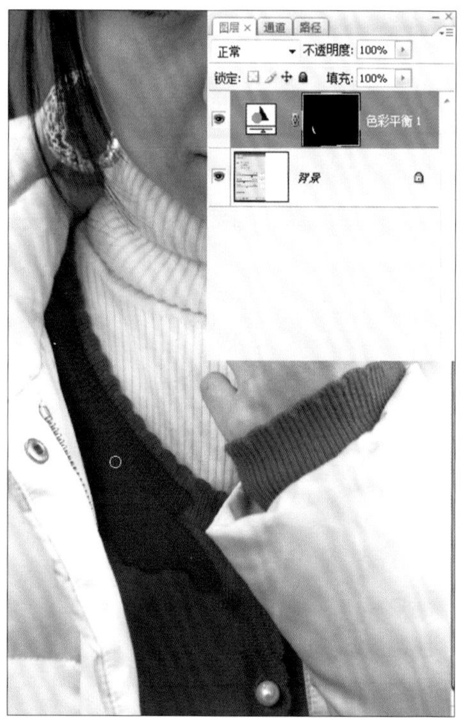

使用“刷子”工具，将涂抹颜色设置为白色，对我们所想要进行着色的毛衣部分进行逐步涂抹，刚才渲染的颜色重新开始出现。

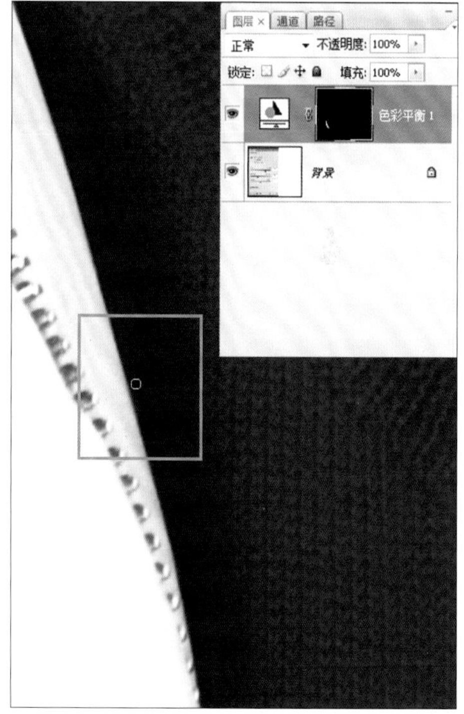

在对毛衣和外套的交界线位置进行着色的时候，要沿着边缘进行小心的涂抹，这里我们还是要首先对画面进行放大后再涂抹颜色比较便利。这时，如果你的设备上配置有手绘板会感到格外的方便。

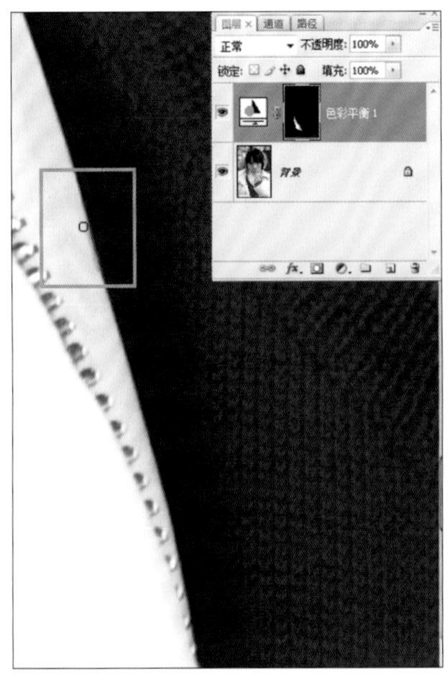

对于不小心外溢到选定区域以外的色彩，可以通过将填充色选择为背景色的方式进行重新涂抹。如果选用橡皮擦工具，不但要进行工具的转化，并且还需要对橡皮的大小等数值进行相应的设置，费时费力的程度可能会大大超出你的想象。而转换背景色的方式，能够更为有效的解决这个问题。

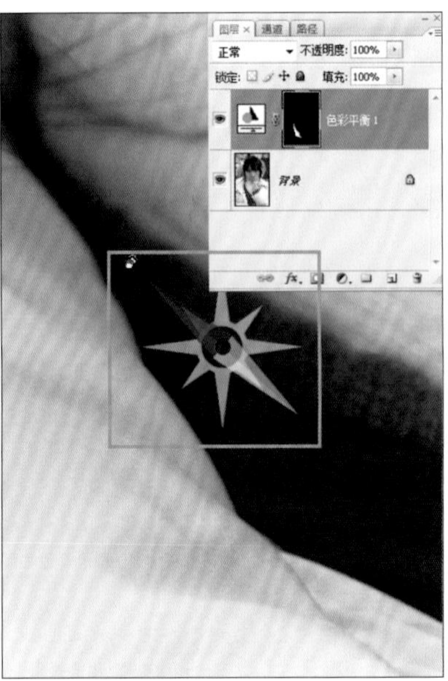

在Photoshop Cs4以后版本的软件中都设置有一个名为“旋转视图”的功能，能够对图像进行旋转的同时不影响画质。通过使用这一个功能，我们可以对那些难以涂抹的角度进行高效的处理。但是，如果你使用的是那些不具备该项功能的图像处理软件，考虑到画面的旋转对画质造成的不良影响，尽量不要使用旋转功能完成着色。

对于那些质地柔软的位置，不要一味使用笔刷进行充分的涂抹，要通过调整笔刷的羽化程度，涂抹出较为柔和的效果。

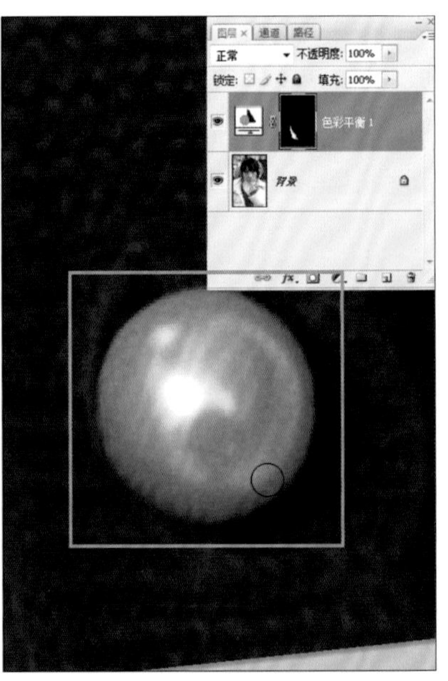

最后，对衣服扣子的边缘部分进行清理处理。其他涂色部分也按照相似的顺序进行。

在对画面色彩不满意的情况下，可以双击“色彩平衡”图层调出对话框，对颜色进行重新的设定。调整图层最为便利的优势之一就是能够对颜色进行多次反复的设置。（左图所示）。另外，在图层的绘图模式中，也可以对颜色的色相进行一定程度的调节，可以进行一下尝试。

第四章

专栏

如果使用Photoshop以外的图像处理软件进行处理

Photoshop软件中有一个十分便利的“调整图层”功能。而如果在不具备这一功能的软件中进行处理，则要首先对图层进行复制，然后使用与“色彩平衡”菜单有着相似功能的组件进行处理。由于可以直接删除复制的图层以恢复到原始状态，所以不必担心操作失败对原始数据造成损坏。

图中为通过复制图层并应用图层蒙版对不需要的部分进行隐藏后着色的案例。在图层通道对话框中可以看到，这里所使用的是普通的图层工具。

4-23

高级篇

“修正”与“修饰”的关键点：

充分描画出动物的表情

相信大家都曾经在广告照片之类的作品中看到过动物们微笑或哭泣的场景。通过普通的摄影技术，我们所拍摄出的动物照片通常是没有任何表情的，与这些搞笑作品中的效果相去甚远。而通过对照片进行相应的修饰，便可以为动物添加容易被人理解的表情，产生一种别致的效果。

▶▶ 展现笑容的关键部位是眼睛

在如漫画等种类的艺术作品中，对动物进行拟人化的时候，动物微笑的表情最为关键的要点便是对“眼睛”的刻画。按照人类表情变化的状态对眼睛进行描绘，能够令人迅速的理解其所要展现的悲喜。

所以，在表现动物的笑容时，最直接的方法便是将动物的眼睛处理成弯曲的弓形。通过图像自由变换功能菜单，对眼睛和眼眶进行变形，会使动物轻易产生出令人惊奇的笑容。

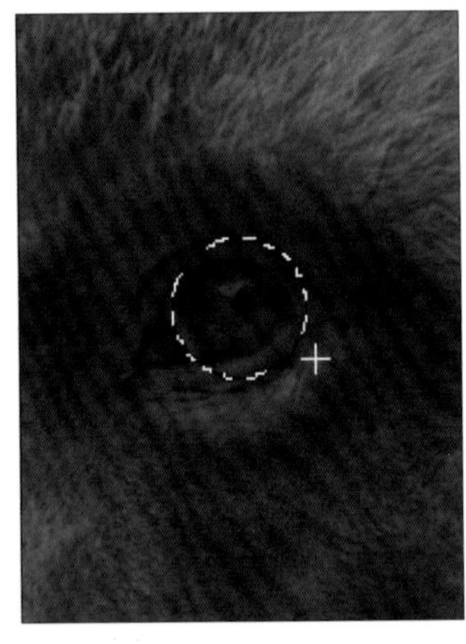

在使用Photoshop软件进行处理时，要使用“扭曲变形”组件进行操作。进行该操作的时候，眼珠的形状也会随之发生扭曲畸变，这与我们所想要制作的效果相悖，所以我们要实现对眼珠部分进行复制备用。首先使用“椭圆选区”工具对眼珠的部分进行选取，由于周围的部分可以在后期进行消除，所以可以选取较大的区域。

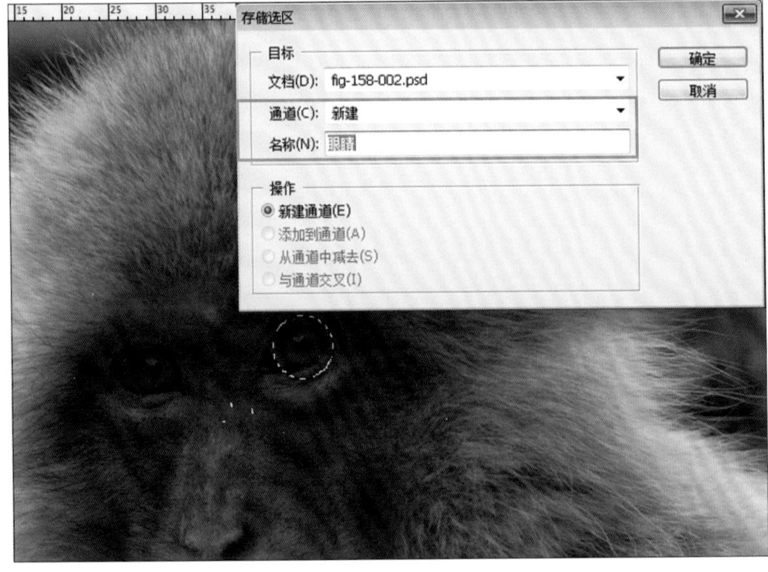

在完成选取制作工序后，使用“存储选区”功能进行储存。这里我们将其命名为“眼睛”。

之后制作另一只眼睛的选区，由于选取的内部恰好是我们将要进行变形操作的区域，所以我们下一步可以将复制后的选区内容移动到任意位置进行暂时的存放。

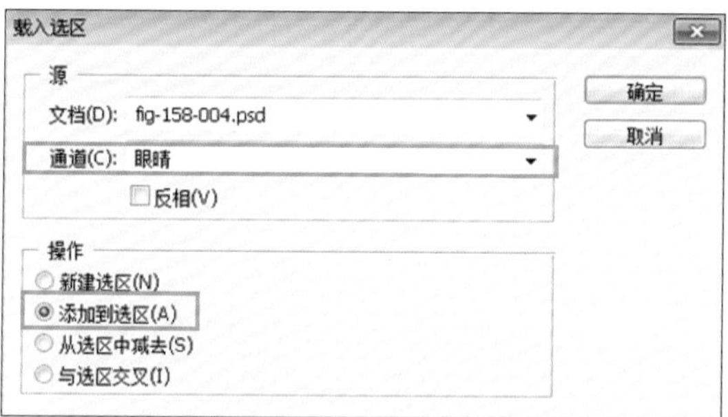

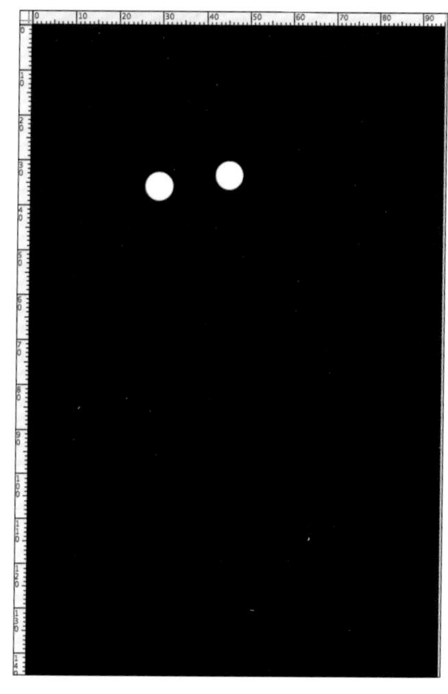

对这个选区进行储存的时候，在“通道”菜单内选择已经储存好的“眼球”通道，然后通过“追加通道”功能，在“眼球”通道上增加新复制的选区部分。完成后如果查看该通道，将呈现出如右图所示的两个圆形区域。

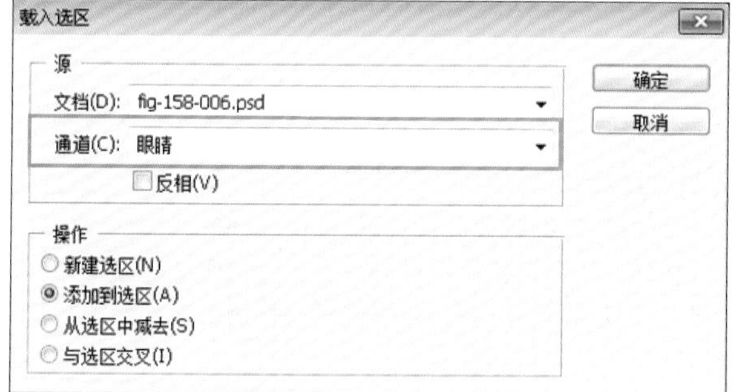

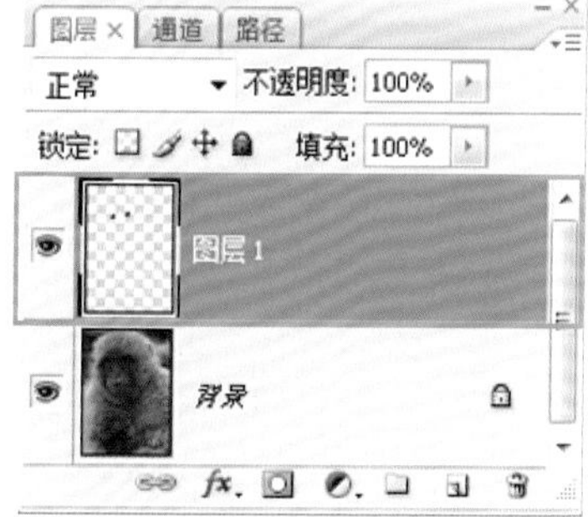

通过“载入选区”功能重新载入选区，然后便可以在这一状态下进行任意的复制和粘贴操作（如右图所示）。

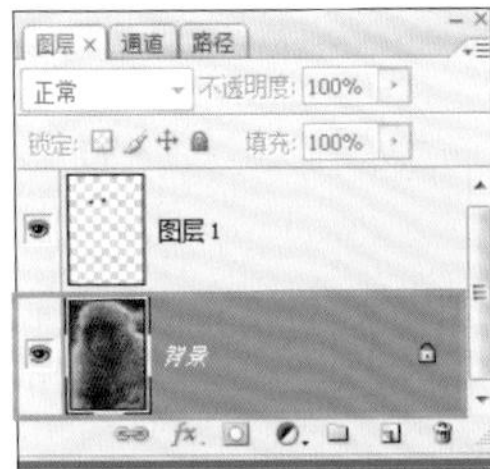

完成该图层的制作后，首先将眼球图层选择为不显示，点击背景图层。接着在“滤镜”菜单中选择“扭曲”选项。

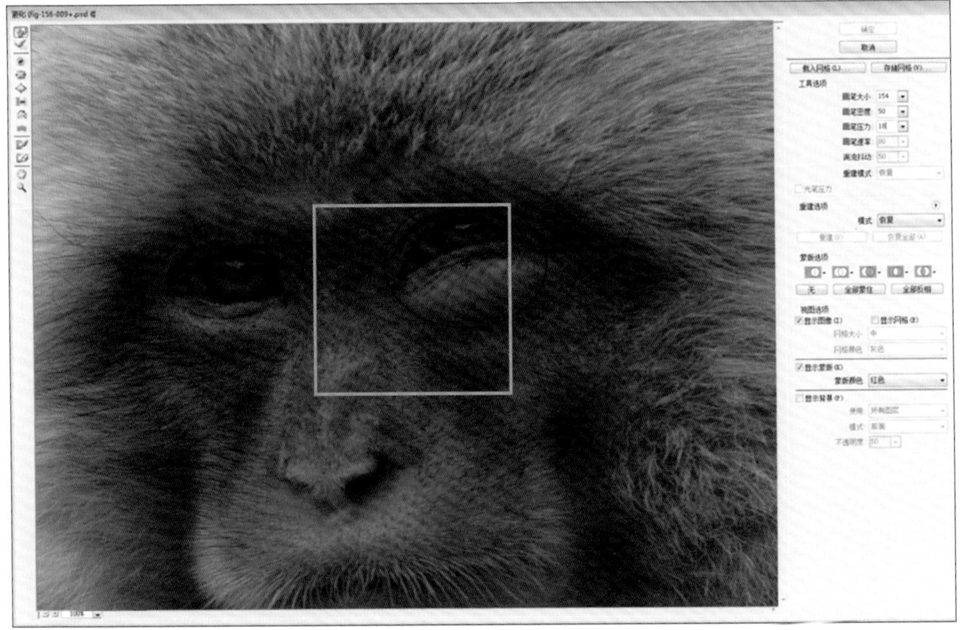

减弱笔压数值后进行变形。要注意逐步完成，不要一次性制作出与周围差别过大的效果。

完成眼睛的变形操作。将眼球图层设置为显示状态，然后将眼球周围多余的部分及时删除，以完成整个变形操作。

可以看到，与左侧的原始图像相比，右侧变形后的动物表情发生了巨大的变化。

而在处理本图这只猫咪的时候，由于拍摄时猫咪的双眼紧闭，我们可以十分便捷的为其制作出笑容。其实，不论是哪种动物，如果将其闭着眼的表情处理成笑容都比较方便。所以，如果你想要制作一张微笑脸孔的动物照片，可以首先选择那些闭着眼睛的照片，或者尽可能抓拍器闭着眼睛的瞬间。

如何使Photoshop运转更加顺畅

Photoshop作为一款性能十分强大的软件，其运转速度一般来说较快。但是，在不同的运行环境中软件的运转速度可能会有所差别。当出现运转不顺畅的时候，可以在打开软件后对软件的运行环境进行设定，对运行速度进行改善。在Photoshop中选择菜单“编辑>首选项>常规”即可进入Photoshop的首选项设置界面。直接按“Ctrl+K”快捷键也可以。

处理图片需要比较大的内存才能保证速度，所以我们需要确保Photoshop有足够的内存来保存大量数据，具体数值可以根据你的内存容量而定。通过“性能”菜单中“Photoshop使用内存”数值的增大，将数值调整到“理想范围”的标准之上，可以有效地保证软件的运转速度。但要注意的是，在增加Photoshop使用内存的同时，要为系统运行留存相当的内存，不然会由于系统本身运转不畅，造成软件速度的下降，南辕北辙。

接着将Photoshop软件的“高速缓存”级别调整到最高级。由于Photoshop软件调用高速缓存的情况十分频繁，调高该设置能够有效提高处理速度。

如果使用的是单一硬盘的笔记本电脑，还可以采取外接高速硬盘作为Photoshop高速缓存区域的方式提高处理速度。

由于内存价格不断下降，我们还可以采取外接内存的方式提高软件速度。外接内存越多，Photoshop可以调用的内存也就越多，这样软件的处理速度也就随之提高。所以，尽量在进行图像处理的时候多使用几条外接内存来提高运行速度吧。

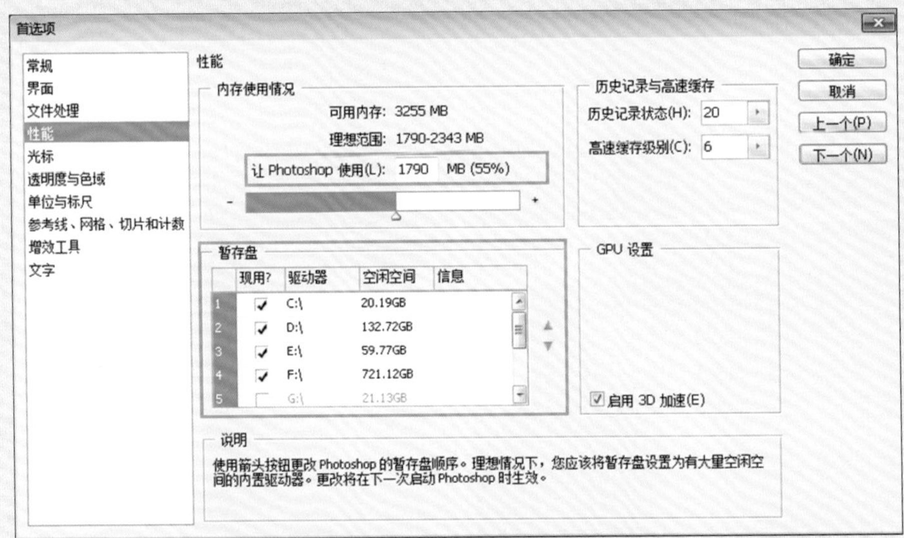

Photoshop首选项设置页面。通过对“内存使用情况”和“暂存硬盘”两项进行设置，可以有效提高运行速度。

第五章

通过Lightroom对照片进行整理和管理

Lightroom不但对RAW格式的数码照片具备显像功能，而且能够帮助你有效的整理和管理照片资料。这里我们为大家介绍的是与高效的管理照片以及后期处理相关的各种功能。通过有效的管理资料，能够使你在寻找目标照片并进行后期处理的时候更为得心应手。

5-1

使用“照片收藏夹”功能

Photoshop Lightroom不但是一款Raw图像文件的专业显像软件，同时还可以对大量图像进行整理和管理。在这个意义上，它还是一款图像后期处理软件。如果想要利用本软件高效的对照片进行后期处理，首先要掌握的便是“照片收藏夹”功能。

▶▶ 迅速实现图像提取的“快捷收藏夹”

使用“收藏夹”可将照片组合在一个位置，以便于您轻松查看照片或实行各种操作。创建后，每个模块的“收藏夹”面板中都会列出这些收藏夹，需要时可以随时选择它们，节省了大量搜索照片的时间，并且还可以根据需要创建多个收藏夹。

如果想要创建一个快捷收藏夹，可以在网格视图中选择所需照片，然后执行以下任一操作：选择“图库”>“新建快捷收藏夹”。或者在右键菜单中选择相应的功能进行处理。

需要注意的是，如果你是在“显像”菜单中的幻灯片模式下进行处理，那么只有当前显示的照片会被放入该收藏夹中。

在完成快捷收藏夹的设置之后，您可以将收藏夹中的照片组合成幻灯片放映、画册或 Web 照片画廊进行任意处理。

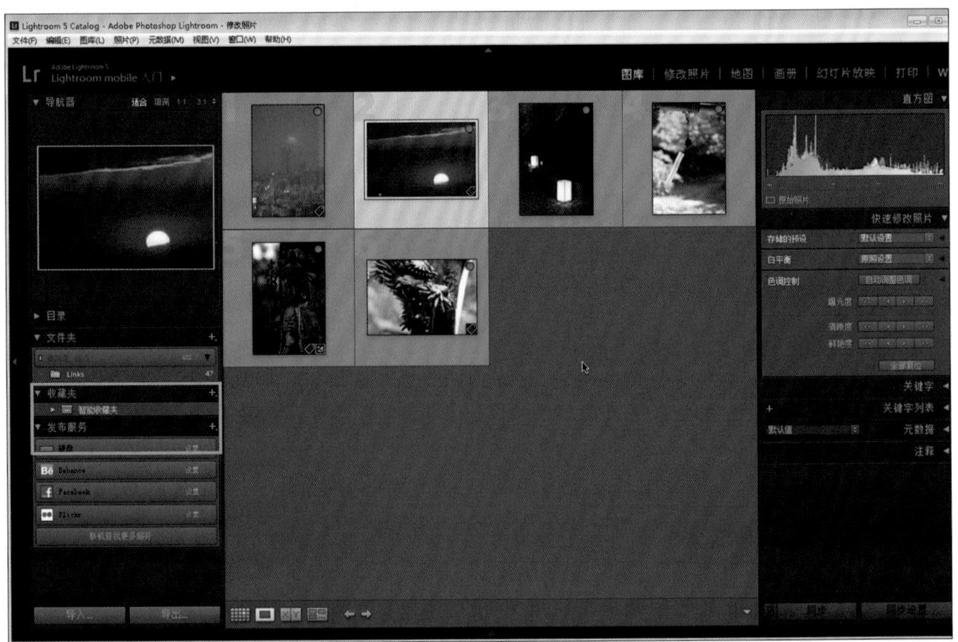

快捷收藏夹选项位于左侧模式选项的“目录”位置。点击其名称就可以将其中的图片调整为显示状态，也可以将多个不同文件夹或者不同类型的图片组合成一组。这样一来，如果我们希望将分散在不同位置或者不同类型的照片进行统一处理时会十分方便。当然，这里收集在一起的也不是原始文件，所以不必担心对原始文件造成损失。

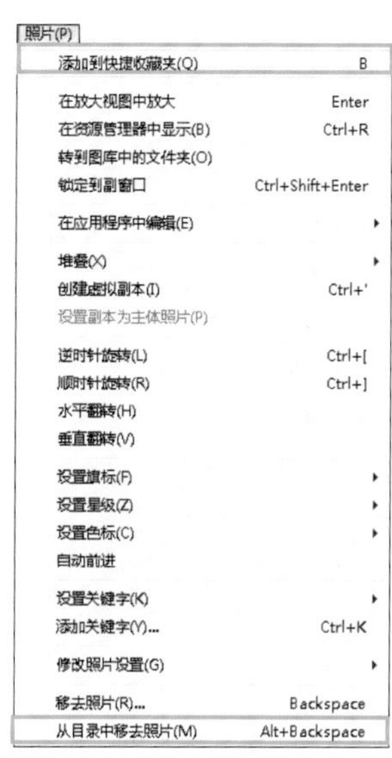

希望在快捷收藏夹中删除照片的时候，可以使用与载入时候相似的方式，使用“照片”菜单中的“从目录中移去照片”这一选项。

▶▶ 从“快捷收藏夹”向“收藏夹”转换

如果你想要多次使用收藏在“快捷收藏夹”中的照片，长期进行保存，那么我们就要将“快捷收藏夹”转换为“收藏夹”。在使用的时候，快捷收藏夹只能使用单个，而收藏夹则可以多个同时进行处理，或者按照目录区分出某一条件的照片进行组合，十分便利。另外，同一张照片也可以多次添加。

转换收藏夹可以按照如下顺序：选择“文件”>“存储快捷收藏夹”。这时，如果在打开的对话框中去除选择“同时删除快捷收藏夹”项目，则保存的收藏夹依然可以作为快捷收藏夹继续使用。

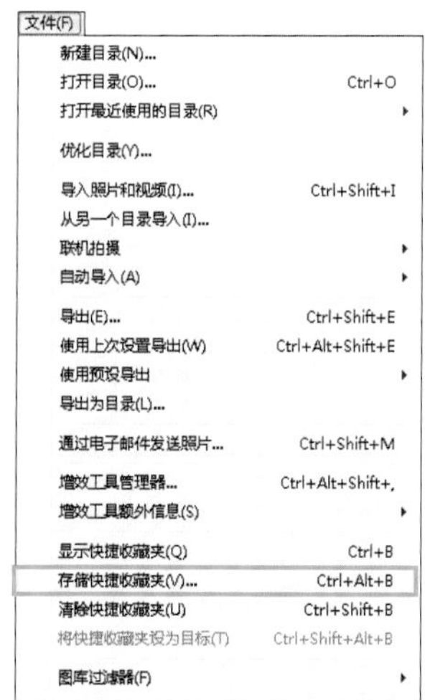

从快捷收藏夹向收藏夹转换，选择“文件”>“存储快捷收藏夹”。

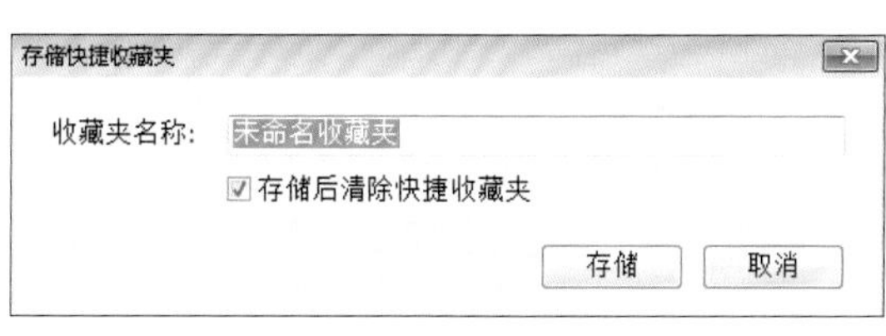

在保存时，要为收藏夹设定一个容易识别的名称。而原来的快捷收藏夹可以删除或者保存。

保存好的收藏夹，可以在左侧面板中的“收藏夹”部分加以选择。

▶▶ 可以自动添加照片的“智能收藏夹”

智能收藏夹可以根据使用者事先设定的原则对照片进行自动的追加处理，比如“选择所有星标为三星的照片”或者“色标为红色的照片”等。智能收藏夹能够根据你的设定自动选择所需照片完成收藏夹的制作。并且，这一功能还可以实现多种条件复合式的选择，在照片分类清晰的情况下非常好用。

可以根据Photoshop Lightroom软件中设定的“星标”“色标”“旗标”“最近使用”以及“一个月以内”等五种方式进行筛选。

根据预先设定的“色标”进行智能收藏夹创建的过程。这样，根据你的设定照片便可以自动进行载入。

如果想要制作一个智能收藏夹，那么可以在“创建智能收藏夹”面板右侧加号位置的下拉菜单中选择“制作智能收藏夹”选项完成操作。

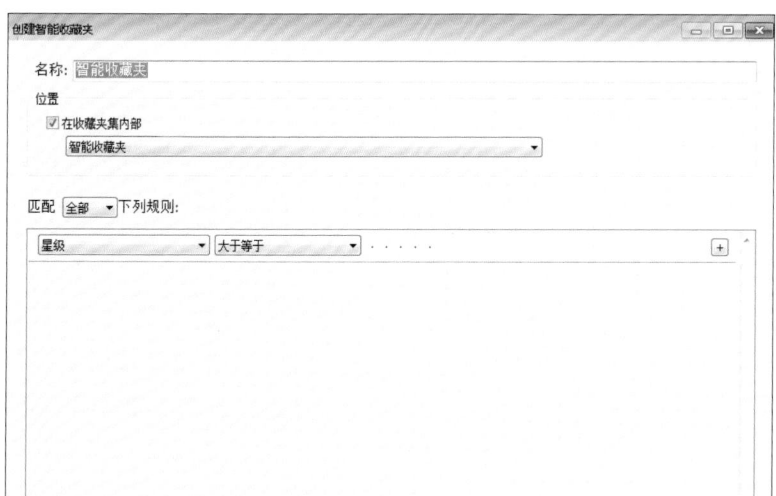

图为“创建智能收藏夹”对话框，完成命名后，可以通过相关设定来自动化的完成收藏夹的制作。

可以根据多种规则进行创建。在完成创建后，鼠标双击智能收藏夹的名称，可以重新调出智能收藏夹编辑对话框，然后追加或者变更制作条件。

5-2

各种分类方法

Photoshop Lightroom软件具备了多种图像分类方式，包括标签分类、层级分类、关键词分类等。熟练使用这些分类方法，可以使图片处理更加高效。

▶▶ 使用色彩添加色标

在Photoshop Lightroom软件中可以使用红色、黄色、绿色、蓝色、紫色以及无色6种不同颜色的标签。在软件的“图库”组件中选择想要添加标签的图片，使用“照片”菜单的“设置色标”来进行设定。在网格视图显示的情况下，还可以同时对多幅照片进行标签设置。

【小贴士】

标签的名称可以根据需要进行自由设定。在变更时，需要通过“图库”>“设置色标”>“编辑”进行操作。如果使用Adobe Creative Suite进行处理，将照片置于Adobe Bridge中的时候，Lightroom中设置的色彩标志可以直接使用。

进行色彩标签设置时，可以通过“照片”>“设置色标”进行任意的设定，十分便捷。

进行色标设定以后，在网格视图中选择该照片时候，周围会出现一个带有相应颜色的选框。如果你的色标是无色的话，通常选框为灰色。

放大显示的时候，在工作区的下方也可以直接进行色彩标签设置。

▶▶ 添加"☆"标示"星级"

为文件指定星级时，可以赋予其零星级至五星级。与设定色彩标签相似，在网格视图中选定了一张或多张照片，可以在"照片"面板中，单击"设置星级"旁边的五个点之一。单击第一个点可指定一星级，单击第二个点指定二星级，单击第三个点指定三星级，依此类推。

也可以在图像放大的模式中设置星级。在放大、比较或筛选视图的胶片显示窗格中选定了单张照片时，选择"照片">"设置星级"。然后，从子菜单中选择一个星级。

选定需要添加星级的图片后，可以选择"照片">"设置星级"。然后，从子菜单中选择一个星级。

第五章

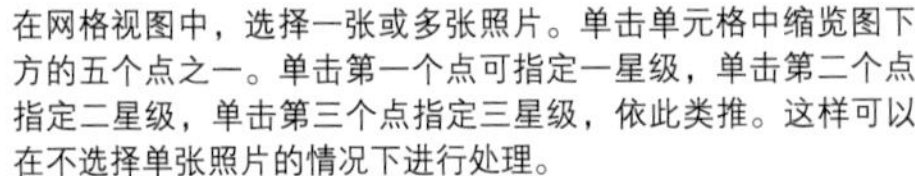

在网格视图中，选择一张或多张照片。单击单元格中缩览图下方的五个点之一。单击第一个点可指定一星级，单击第二个点指定二星级，单击第三个点指定三星级，依此类推。这样可以在不选择单张照片的情况下进行处理。

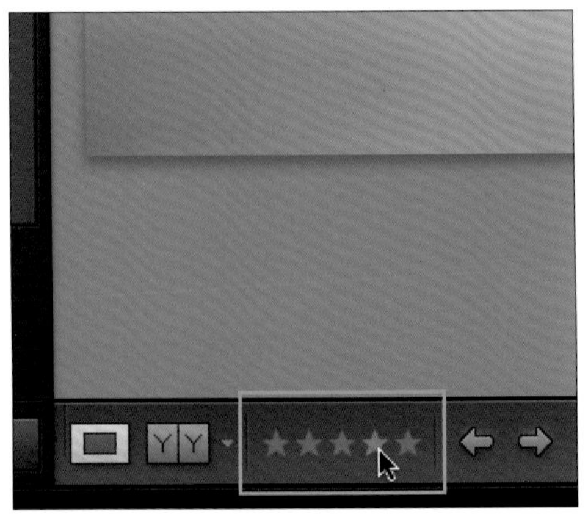

在放大模式或者“显像”模式中，可以在单幅照片工作区下方左下角进行星级设定。

【小贴士】

“图库”组件的放大模式或者“显像”模式中进行星级设定的时候，如果默认没有显示照片星级菜单，可以点击工具栏右侧的实心下箭头，从其中勾选星级选项。在通过软件进行图像处理时候，如果遇到相应的工具选项没有显示，都可以采取这种方式进行添加。

图为工具栏右侧的情况。如果没有显示相应的星级设置，可以如图所示进行处理。

▶▶ 使用“关键词”标记特征

关键字标记是描述照片重要内容的文本元数据，可帮助您标识、搜索和查找目录中的照片。在Lightroom中可以实现同时对多幅照片添加关键词。通过简洁明确的关键词，可以为照片的检索提供巨大的帮助。希望大家在图片处理中能够尽早养成标记关键词的习惯。

Lightroom 提供了多种将关键字标记应用于照片的方法。可以在“关键字”面板中键入或选择关键字标记，也可以将照片拖到“关键字列表”面板中的特定关键字标记上。如果要为同一副图像添加多个关键词，需要在关键词之间使用“：”加以区分。可以在“关键字列表”面板中查看目录中的所有关键字标记。

可以随时添加、编辑、重命名或删除关键字标记。创建或编辑关键字时，可以指定同义词和导出选项。

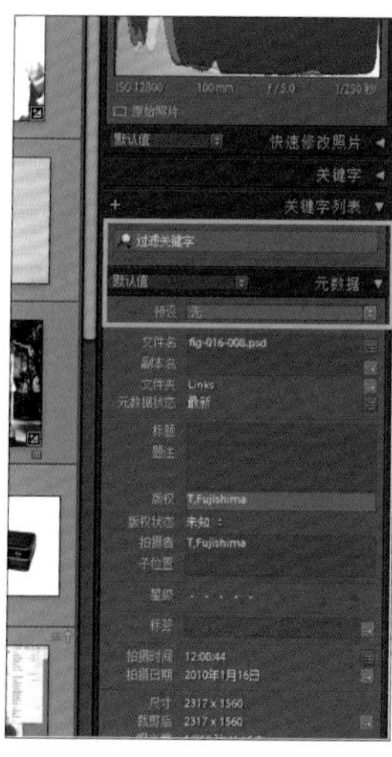

在对图像添加或编辑关键词的时候，可以使用软件右侧的“关键词”选项。可以在图中鼠标的位置添加关键字。

点击关键词输入区后，该区域会变成白色，可以进行输入任意关键词。

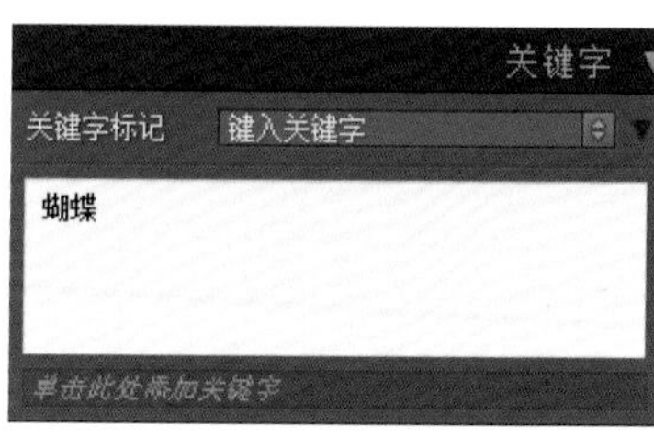

在此处输入多个关键词的时候，要用“，”进行区分，这样在检索的时候也会更为迅捷，完成后单击回车键进行确认。

设置完关键词后的图片，右下角将出现一个铅笔标志。

可以在“关键字列表”面板中查看目录中的所有关键字标记。如果想要设置一个已经使用过的关键词，可以直接进行选择，十分便利。

第五章

▶▶ 添加“旗标”

使用旗标可以指定照片是留用、排除还是无旗标。可在“图库”模块中设置旗标。为照片设置旗标后，可以在胶片显示窗格或图库过滤器栏中单击旗标过滤器按钮，以显示标有特定旗标的照片，并对其进行操作。请参阅在胶片显示窗格和网格视图中筛选照片和使用属性过滤器查找照片。

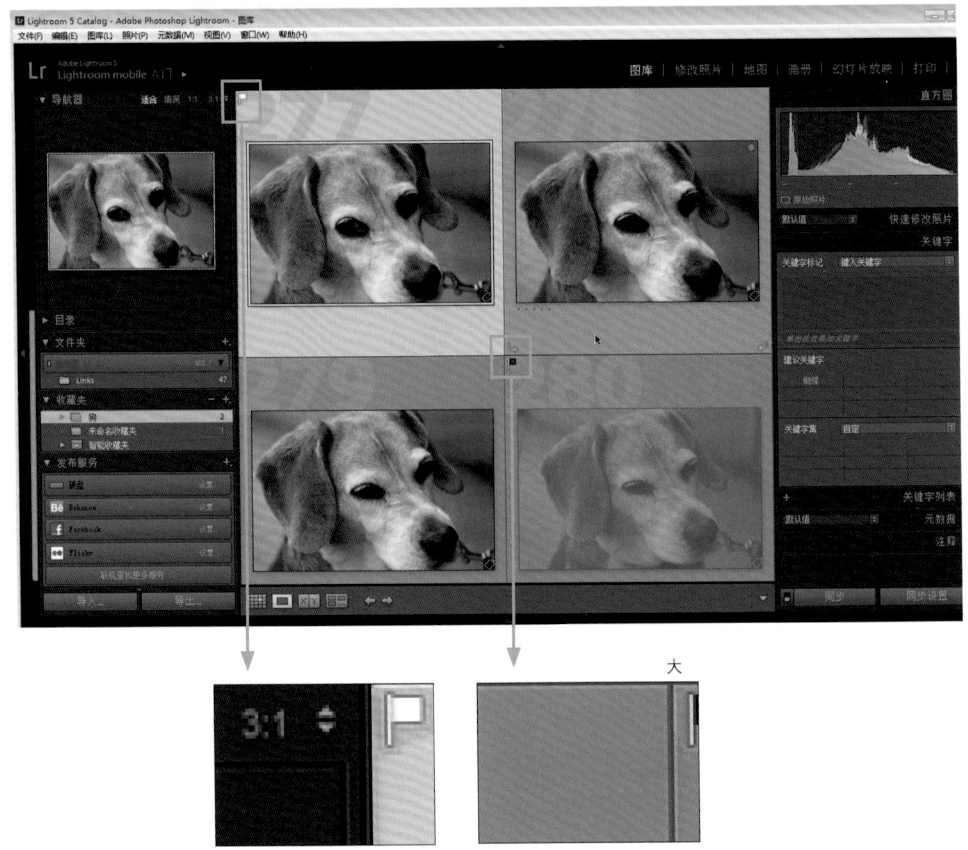

左上图片标注的是白色旗帜的留用图标，右下图片上标注的则是代表删除的带有叉号的黑色旗标。这样可以轻易的对图片进行区分。

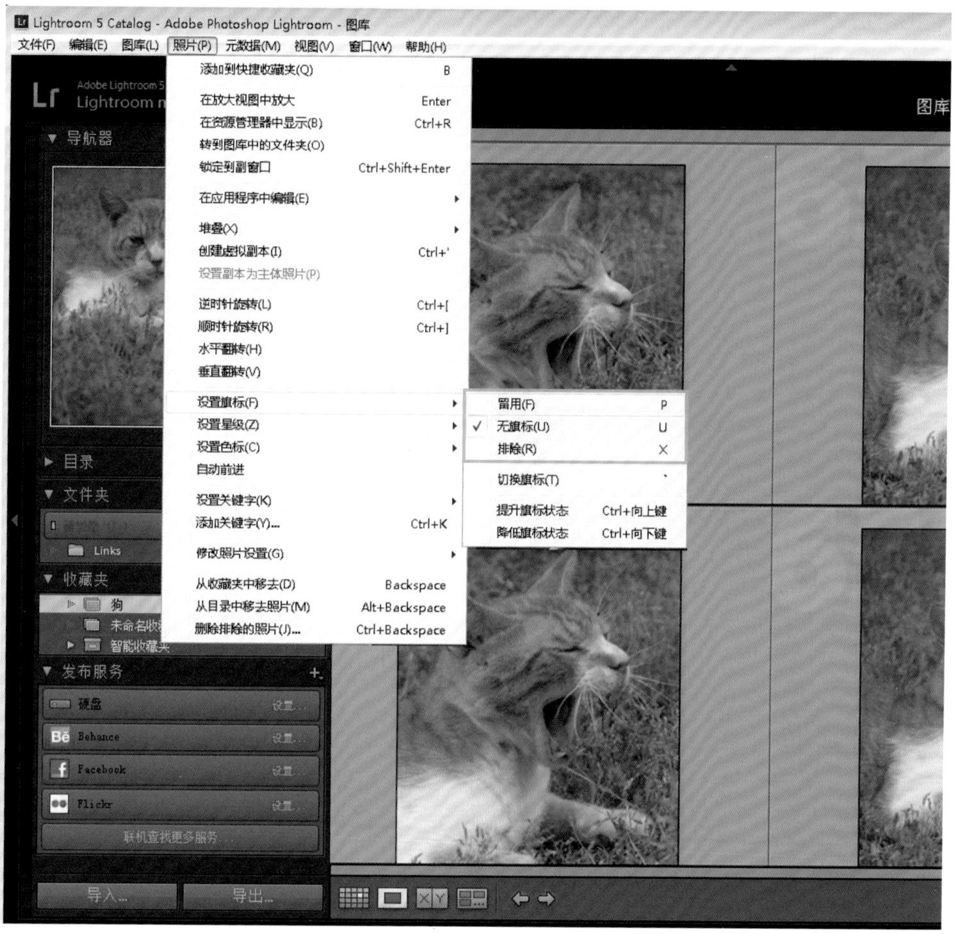

在网格视图中选择一张或多张照片。然后选择“照片”>“设置旗标”，并选择所需的旗标。另外，如果熟练掌握相应的快捷键（留用P、排除X），便能够迅速地完成大量图片的标示和处理。

图书在版编目（CIP）数据

数码照片后期处理入门 / (日) 藤岛健著；陈宗楠译. -- 北京：中国民族摄影艺术出版社, 2016.4
ISBN 978-7-5122-0847-6

Ⅰ. ①数… Ⅱ. ①藤… ②陈… Ⅲ. ①数字照相机－图像处理 Ⅳ. ①TP391.41

中国版本图书馆CIP数据核字(2016)第075028号

策划制作：北京书锦缘咨询有限公司（www.booklink.com.cn）
总 策 划：陈　庆
策　　划：李　伟
设计制作：柯秀翠

书　　名：数码照片后期处理入门
作　　者：［日］藤岛健
译　　者：陈宗楠
责　　编：连　莲　张　宇
出　　版：中国民族摄影艺术出版社
地　　址：北京东城区和平里北街14号（100013）
发　　行：010-64211754 84250639 64906396
印　　刷：北京彩和坊印刷有限公司
开　　本：1/16　185mm × 260mm
印　　张：11
字　　数：135千字
版　　次：2016年8月第1版第1次印刷
ISBN 978-7-5122-0847-6
定　　价：65.00元